大数据技术与人工智能应用系列

机器学习算法与应用
（Python版）

李 阳 主编

许若波 阮文飞 张先玉 副主编

清华大学出版社

北京

内 容 简 介

本书主要讲解了机器学习算法的基础知识，以及业界常用算法的应用。其中，项目1介绍了机器学习的定义、类型、环境搭建以及开发步骤；项目2介绍了如何进行数据预处理，包含如何对获取的原始数据进行处理、数据集的划分、数据的归一化，以及如何使用主成分分析来提取数据的主要特征等内容；其他8个项目主要介绍了目前主流的机器学习算法。每个项目均介绍了要讲解的算法的原理、步骤、特点，再通过具体的案例对算法的原理知识展开详细的讲解，并将算法应用于实际的场景中，加深读者对算法的理解。

本书可作为高等院校大数据技术、人工智能技术等相关专业的基础教材，也适合对机器学习感兴趣的读者自学。

图书在版编目（CIP）数据

机器学习算法与应用：Python版/李阳主编.—北京：清华大学出版社，2022.3（2024.8 重印）
（大数据技术与人工智能应用系列）
ISBN 978-7-302-60123-4

Ⅰ.①机… Ⅱ.①李… Ⅲ.①机器学习—算法 Ⅳ.①TP181

中国版本图书馆 CIP 数据核字（2022）第 021044 号

责任编辑：郭丽娜
封面设计：常雪影
责任校对：袁 芳
责任印制：沈 露

出版发行：清华大学出版社
    网   址：https://www.tup.com.cn, https://www.wqxuetang.com
    地   址：北京清华大学学研大厦A座   邮 编：100084
    社 总 机：010-83470000   邮 购：010-62786544
    投稿与读者服务：010-62776969，c-service@tup.tsinghua.edu.cn
    质量反馈：010-62772015，zhiliang@tup.tsinghua.edu.cn
    课件下载：https://www.tup.com.cn，010-83470410
印 装 者：三河市龙大印装有限公司
经 销：全国新华书店
开 本：185mm×260mm   印 张：9.25   字 数：215千字
版 次：2022年3月第1版   印 次：2024年8月第3次印刷
定 价：49.80元

产品编号：094989-02

前 言

Preface

"机器学习"这一概念是由美国人工智能领域的先驱阿瑟·塞缪尔（Arthur Samuel）在 1959 年正式提出的，他说"机器学习赋予计算机学习的能力，而无须明确编程"。

习近平总书记在党的二十大报告中指出"构建新一代信息技术、人工智能、生物技术、新能源、新材料、高端装备、绿色环保等一批新的增长引擎"，机器学习是人工智能领域中的一个子集，与以往计算机程序不同，机器学习强调的是"学习"，而不是按部就班地执行命令。机器学习是计算机科学有趣的子领域之一，但对它的定义目前还没有达到普遍共识。1997 年，汤姆·米切尔（Tom Mitchell）给出了一个定义，即"对于某类任务 T 和性能度量 P，如果一个计算机程序在 T 上以 P 衡量的性能随着经验 E 而不断完善自身，那么称这个计算机程序在从经验 E 中学习"。

机器学习是一门多领域交叉学科，涉及概率论、凸优化、统计学等学科，已经广泛应用到制造、驾驶、农业、医学等领域。

本书介绍了当前主流的机器学习算法并把它们应用于实践，通俗易懂，通过算法原理简介、多个实际案例讲解提高读者的兴趣，将带读者走入机器学习应用的大门。Python 语言由于其易读性和大量库的支持，成为学习机器学习的首选语言。其中，Sklearn 库包含了大量的数据集和机器学习算法，为机器学习的入门提供了基础。本书将使用 Python 语言实现部分机器学习算法。

本书分为 10 个项目，每个项目都包含多个子任务，通过任务驱动的方式讲解了各种机器学习算法，具体如下。

（1）项目 1　走进机器学习的世界。此项目主要是为后续项目内容做铺垫，介绍了机器学习算法的种类、应用场景、常用的开发框架和软件库，以及如何配置机器学习开发环境。

（2）项目 2　数据预处理。在进行机器学习算法模型训练之前，总是需要将输入数据进行预处理，保留有意义的数据，进而在此基础上进行下一步的模型训练操作。项目 2 主要讲解了数据预处理的操作手段。

（3）项目 3　基于 K-Means 算法的应用实践。此项目主要介绍了 K-Means 算法的基本原理，并通过具体的案例对原理知识展开深入的讲解。

（4）项目 4　基于 KNN 算法的应用实践。此项目首先针对 KNN 算法原理部分进行了深入的探讨，然后介绍 KNN 算法在分类中的基本使用流程，最后采用 KNN 算法实现各种具体的案例。

（5）项目 5　基于线性回归算法的应用实践。此项目主要围绕多种线性回归方式来实现具体的案例，从而进一步加深读者对线性回归原理知识的理解。

（6）项目 6　基于逻辑回归算法的应用实践。此项目介绍了逻辑回归算法的基本原理，并且给出了处理样本数据不平衡问题的多种方法，同时使用逻辑回归算法处理了多种实际问题。

（7）项目 7　基于决策树算法的应用实践。此项目介绍了决策树的基本原理，并详细描述了实现决策树的基本步骤。

（8）项目 8　基于支持向量机算法的应用实践。此项目介绍了支持向量机的基本原理，并详细介绍了如何使用支持向量机进行高维数据分类。

（9）项目 9　基于神经网络算法实现曲线拟合。此项目介绍了人工神经网络的基本原理，并介绍了实现人工神经网络的基本步骤，最后采用人工神经网络实现各种分类问题。

（10）项目 10　基于 AdaBoost 算法的应用实践。此项目介绍了 AdaBoost 算法的基本原理，并根据其基本原理实现具体算法，采用 AdaBoost 算法实现了多种实际的应用。

以上 10 个项目内容的基本框架大致分为项目导读、学习目标、知识导图、具体任务、项目小结以及练习题。其中，具体任务的实施步骤都是循序渐进、环环相扣的，并提供任务中涉及的源代码，以帮助读者牢固掌握机器学习的相关知识。

本书在编写过程中参考了有关资料和著作，在此向相关作者表示感谢。由于编者水平有限，书中难免有错误，恳请广大读者提出宝贵意见。

编　者

2023 年 5 月

源代码

目 录

C o n t e n t s

项目1

走进机器学习的世界

📡 **项目导读**

在过去的 10 年里,机器学习技术实现了自动驾驶、实用的语音识别、有效的网络搜索等。机器学习在今天是如此普及,以至于人们可能一天要使用几十次而不自知。

本项目将从机器学习的应用场景开始,依次给读者介绍生活工作中哪些地方应用了机器学习,这些机器学习算法有哪些分类方式,应用开发涉及的框架和软件库,以及机器学习开发环境如何配置,等等。带读者走进机器学习的大门,为后续项目的学习打下基础。

💡 **学习目标**

- ➢ 了解机器学习的应用场景。
- ➢ 掌握机器学习算法的分类方式。
- ➢ 了解机器学习常用的软件库。
- ➢ 掌握机器学习开发环境配置。

📌 **知识导图**

```
                  了解机器学习应用场景:人脸识别、天气预测、异常流量检测、智能制造

                  机器学习算法的    ┌ 按照学习的过程分类:监督学习、半监督学习、无监督学习、主动学习和强化学习
                    分类方式        └ 按照任务分类:聚类算法、回归算法和分类算法
       走进
       机器学习      软件库与框架:NumPy、Sklearn、Matplotlib、SciPy、TensorFlow、CUDA和cuDNN
       的世界
                  配置机器学习开发环境:安装Anaconda→开启Jupyter Notebook工具→创建Python脚本文件

                  了解机器学习步骤:数据收集→数据预处理→选择模型→训练模型→模型评估→实际测试
```

任务 1-1 了解机器学习应用场景

■ **任务描述**

通过已经在日常生活中出现的人工智能应用，了解机器学习目前主流的应用场景。

■ **任务目标**

通过了解机器学习的应用场景，掌握不同应用场景所需要的机器学习算法。

任务实施

目前机器学习算法在很多场景下得到了应用，如人脸识别、天气预测、异常流量检测和智能制造等。

步骤 1 了解人脸识别

人脸识别是一种通过人的面部特征信息进行身份识别的技术，可以用来识别照片、视频等。人脸识别是生物特征安全的一个范畴，其他形式的生物识别软件包括语音识别、指纹识别和视网膜（或虹膜）识别。这项技术主要用于智能安防和执法场景中。

步骤 2 了解天气预测

现在的天气预报系统虽然在数值预报模式方面取得了很好的效果，但依靠人们对大气物理的理解建立的物理模式往往受到各种随机因素的干扰，不能满足复杂多变气候地区的预报需要。随着智能时代的到来，人们开始应用先进技术建立各种天气预报系统，其中机器学习算法在天气预报领域日益活跃。

步骤 3 了解异常流量检测

传统的基于静态规划匹配的网络异常检测方法难以在动态复杂的网络环境中检测出未知的异常和攻击类型，不能满足网络安全检测的要求。机器学习具有自学习和自进化的特点，它能适应复杂多变的网络环境，检测未知异常，满足实时准确检测的需要。利用机器学习方法及其自学习特性，可以对异常流量进行学习。使用合适的机器学习算法，可以发现未知的异常流量。

步骤 4 了解智能制造

机器学习在智能制造中推动整个业务运营的效率,成为智能制造的重要组成部分。它通过消除浪费和创建更精简的价值链带来更高水平的预测能力和整体洞察力,基于多种方式增加价值并最终提高企业收入和客户满意度:预测有助于生产计划更符合实际需求,并对生产进度进行实时监控和调整;预测工厂车间机器的磨损,能够提前安排维护停机时间,既可避免故障,又提高了供应链的稳定性,确保货物准时交付。

任务 1-2 机器学习算法的分类方式

■ **任务描述**

了解机器学习算法有哪些,按照不同的划分方法对机器学习算法进行分类。

■ **任务目标**

根据要求对给出的机器学习算法进行分类,并掌握每个机器学习算法的分类过程。

知识准备

人工智能是计算机学科中的一个重要分支,近些年来获得了快速的发展,在很多领域得到了广泛的应用。关于人工智能,尼尔逊(Nilsson)教授曾对它下了这样一个定义:"人工智能是关于知识的学科——怎样表示知识以及怎样获得知识并使用知识的科学。"

机器学习是人工智能领域中的一个子集,是人工智能的核心,专门研究计算机如何模拟和实现人类的学习行为。深度学习是机器学习领域中的一个重要研究方向。

任务实施

目前机器学习包含多种算法,如监督学习、无监督学习、聚类算法和分类算法等。按照不同的划分方法,可以得到不同的分类。

步骤 1 按照学习的过程分类

按照学习的过程,机器学习算法分为监督学习、半监督学习、无监督学习、主动学习、强化学习，如图 1-1 所示。

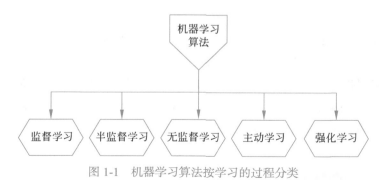

图 1-1　机器学习算法按学习的过程分类

监督学习又称有监督机器学习，它使用已经标记的数据集来训练算法，以便对数据进行分类或准确预测结果。当数据输入模型中，模型会调整其权重，直到模型得到适当的拟合。这个过程是交叉验证过程的一部分。监督学习有助于大规模地解决各种现实问题，例如，将垃圾邮件分类在收件箱的单独文件夹中。

半监督学习使用大量未标记的样本进行模型训练。半监督学习可以减少大量人为标记工作，例如，用于生物学中蛋白质的特征鉴定。

无监督学习又称无监督机器学习，其用来分析和聚类未标记的数据集。这类算法不需要人工干预就可以发现隐藏的模式或数据分组。它能够发现信息的相似性和差异性，是探索性数据分析、交叉销售策略制定、客户细分和图像识别的理想解决方案。

当数据量太大而无法标记时，可以使用主动学习。为了更准确有效地标记数据，需要设置一些数据的优先级。主动学习与半监督学习类似，都适用于标注成本较高的场景中。

强化学习是一种训练机器学习模型做出一系列决策，在不确定的、潜在的复杂环境中实现目标的机器学习算法。在强化学习中，计算机采用反复试验的方法来解决这个问题，例如，解决无人驾驶、棋牌类博弈等相关应用场景问题。

步骤 2　按照任务分类

从任务的角度，机器学习可以分为聚类算法、回归算法和分类算法这三类，如图 1-2 所示。

聚类算法是指按照一定的标准（如距离），将一个数据集划分为不同的类或簇的机器学习算法。同一簇中数据对象的相似性要尽可能大，不同簇中数据对象的差异性要尽可能大。常见的应用场景如处理目标用户群体分类等问题。

图 1-2　机器学习算法按任务分类

回归算法是一种用于数值连续的随机变量预测和建模的有监督学习算法。用例一般包括持续变化的情况，如房价预测、股票趋势或测试结果。常见的回归方法包括线性回归、逻辑回归和岭回归。常见的应用场景如处理机场客流量分布预测等问题。

分类算法根据样本的特点，将样本划分为适当的类别。具体而言，利用训练样本进行训练，得到样本特征到样本标签的映射，再利用映射得到新样本的标签，最后将样本划分为不同的类别。常用的应用场景如处理市民出行选乘公交线路预测等问题。

任务 1–3 软件库与框架

■ **任务描述**

认识了机器学习的应用场景和算法分类后，让我们继续了解机器学习需要什么软件库来支持算法的运行。

■ **任务目标**

了解目前主流的机器学习 Python 开发框架和软件库。

任务实施

基于 Java、C、Python 等编程语言开发的机器学习常用库有很多，本任务主要介绍基于 Python 的软件库。Python 软件库具有以下三个特点：其一，Python 语言的实现过程相对简单，可以减少在工程实现过程上的时间，增加在算法设计上的时间，提高工作效率；其二，Python 语言有非常丰富的库可以调用，如 NumPy、Sklearn、Pandas 等；其三，Python 代码调试比较容易。以下是机器学习中常用的 Python 库及开发框架。

步骤 1 认识 NumPy

NumPy 是 Python 语言的一个扩展库，支持大量的维数数组和矩阵运算。此外，它还为数组操作提供了大量的数学函数库，运算速度非常快，拥有在线性代数、傅立叶变换和矩阵领域工作的函数。NumPy 由特拉维斯·奥利芬特（Travis Oliphant）于 2005 年创建。它是一个开源项目，可以供开发者自由使用。

步骤 2 认识 Sklearn

Sklearn 是 Python 中最健壮的机器学习库。它通过 Python 的一致性接口为机器学习和统计建模提供了一系列有效的工具，如图 1-3 所示，包括分类、回归、聚类和降维四类算法，可以直接调用里面的机器学习方法。Sklearn 主要是用 Python 编写的，是基于 NumPy、SciPy 和 Matplotlib 构建的。

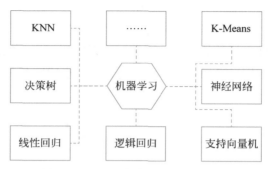

图 1-3　Sklearn 包含的机器学习方法

步骤 3　认识 Matplotlib

Matplotlib 是 Python 中的一个低级图形打印库，可用于可视化。Matplotlib 是开源的，开发者可以免费使用。Matplotlib 大部分是采用 Python 编写的，为了与平台兼容，有一些片段是采用 C、Objective-C 和 JavaScript 语言编写的。

步骤 4　认识 SciPy

SciPy 库依赖于 NumPy，它提供了方便快捷的 N 维数组操作。SciPy 库是为使用 NumPy 数组而构建的，它提供了很多对用户友好且高效的数值计算功能，如用于数值积分和优化的例程。

步骤 5　认识 TensorFlow

TensorFlow 是一个用于机器学习端到端的开源平台。它有一个由工具、库和社区资源组成的全面、灵活的生态系统，使研究人员能够推动深度学习技术发展，开发人员可以轻松地构建和部署基于深度学习的应用程序。

TensorFlow 最初是由谷歌大脑团队的研究人员和工程师开发的，用于进行机器学习和神经网络研究，提供稳定的 Python API 和 C++ API，以及其他语言的非保证向后兼容 API。TensorFlow 具有足够的通用性，可以应用于许多领域。

步骤 6　认识 CUDA

CUDA 是 NVIDIA 推出的通用并行计算框架，为图形处理器（Graphics Processing Unit，GPU）上的通用计算而开发。有了 CUDA，开发人员可以利用 GPU 的强大功能极大地加快计算应用程序的速度。在 GPU 加速的应用程序中，CPU 针对单线程进行了优化，工作负载的顺序指令执行的部分在 CPU 上运行。

步骤 7　认识 cuDNN

CUDA 深度神经网络（CUDA Deep Neural Network，cuDNN）库是 GPU 加速的深度神经网络原始库。cuDNN 可以极大地优化标准例程的实现，如卷积层、池化层、规范化层和激活层，用于前向和后向传播。

大多数的深度学习研究人员和框架开发人员都依赖 cuDNN 实现高性能 GPU 加速。有了 cuDNN，研究人员和开发人员可以专注于训练神经网络和开发软件应用程序，而无须花费时间进行低水平的 GPU 性能调整。cuDNN 可以加速诸多被广泛使用的深度学习框架，包括 Caffe2、Chainer、Keras、MATLAB、Mxnet、PyTorch 和 TensorFlow。

任务 1-4　配置机器学习开发环境

■ 任务描述

机器学习算法的运行需要一定的软件环境支撑，本任务主要学习配置机器学习的开发环境。

■ 任务目标

熟练掌握机器学习开发环境配置的每个步骤。

任务实施

Anaconda 是一个围绕编程语言 Python 构建的数据科学平台，作为一个一体化的数据管理工具，它创建了一个方便访问大量数据的环境。在默认情况下，Anaconda 已经包含了 Jupyter Notebook（Jupyter Notebook 是基于网页交互式的开发工具，便于初学者调试程序）。Anaconda 可通过官网下载，读者可根据个人计算机的操作系统来选择版本。本书选择 64-bit Graphical Installer，里面已经包含了 Python 3.8。

步骤 1　安装 Anaconda

Anaconda 下载完毕后，打开 .exe 文件，进入安装界面，如图 1-4 所示。根据安装提示单击 Next 按钮，完成 Anaconda 的安装。安装成功界面如图 1-5 所示。

Anaconda 的安装

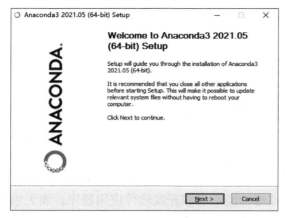

图 1-4　安装初始界面

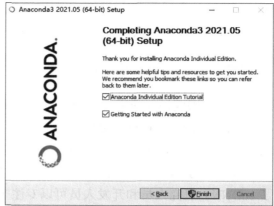

图 1-5　安装成功界面

步骤 2　开启 Jupyter Notebook 工具

安装完成后，在 Windows 系统下的"开始"菜单栏中打开 Anaconda Navigator。启动后的界面如图 1-6 所示。然后单击 Jupyter Notebook 图标，打开 Jupyter Notebook 工具操作界面，如图 1-7 所示。

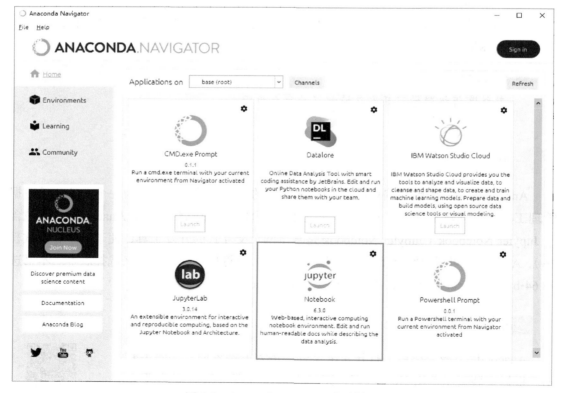

图 1-6　Anaconda Navigator 启动界面

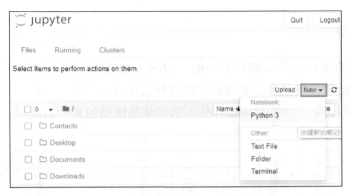

图 1-7　Jupyter Notebook 工具操作界面

步骤 3 创建 Python 脚本文件

在图 1-7 中单击 New 下拉按钮，在弹出的下拉框中选择"Python 3"标签，即可创建一个 Python 脚本文件，如图 1-8 所示。

如图 1-9 所示，从"开始"菜单中选择"Anaconda3（64-bit）"文件夹，单击"Jupyter Notebook（Anaconda3）"也可以直接进入图 1-8 所示的界面。

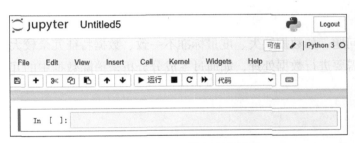

图 1-8　Python 3 脚本编程界面

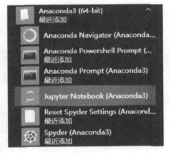

图 1-9　从文件夹 Anaconda3 下直接进入 Jupyter Notebook 编辑界面

任务 1-5　了解机器学习步骤

■ **任务描述**

根据所学习到的机器学习知识，了解机器学习算法的实现步骤，以及每个步骤的作用与意义。

■ **任务目标**

掌握机器学习算法每个步骤的含义。

任务实施

机器学习中的项目开发步骤基本类似，如图 1-10 所示。第一步是收集数据，第二步是对数据进行预处理，第三步是根据数据的特征选择合适的模型，第四步是使用数据对选择的模型进行训练，第五步是对模型评估，第六步是模型的实际测试。

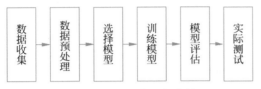

机器学习的过程

图 1-10　机器学习的步骤

步骤 1　**数据收集**

俗话说"巧妇难为无米之炊"，如果没有数据，那么无论多么优秀的算法都没有意义。机器学习中的数据可以通过传感器（如温湿度传感器、图像传感器、红外传感器）获取，也可以通过网络爬虫进行收集。

步骤 2　**数据预处理**

因为获取的数据会出现多种问题，如数据缺失、度量标准不一致、数据特征冗余较大等，所以在进行机器学习之前，需要进行数据处理，如通过主成分分析来消除数据中的冗余信息。

步骤 3　**选择模型**

数据处理完后，选择可能适用于此数据的模型。有时候可能同时选择多个模型，在模型的选择中，一般通过观察数据的特点，根据经验选择多个可能适合的模型，如温度的预测可以选择神经网络、支持向量回归、线性回归等模型。

步骤 4　**训练模型**

通过所提供的数据来求解模型中的参数，此过程称为模型训练。这个过程可能比较漫长。例如，在深度神经网络中，需要反复不断地迭代来求解网络模型中的参数。当迭代次数达到上限或者损失小于设定的标准时停止迭代，得到训练好的模型。

步骤 5　**模型评估**

模型训练好之后，需要对选择的模型进行评估。评估的方式有主观评价和客观评价，最终通过综合评价来对每个模型进行评价。如果综合评价效果满意，则得到所需要的模型；如果综合评价效果很差，则需要继续选择可能适合的模型进行模型的训练与评估。

步骤6　实际测试

通过前几个步骤项目开发得到了合适的模型，最后将模型部署在实际的应用中进行实际测试。例如，景区对行人流量进行监测，需要使用到行人检测模型，通过前几个步骤已经得到了该模型，现将这个模型部署在行人检测系统中，此系统则可以自动地检测出行人。

◆ 项 目 小 结 ◆

本项目通过讲解机器学习的应用场景，让读者了解目前主流的机器学习应用领域；通过讲解机器学习算法分类，让读者了解到机器学习算法，可以通过多种划分方法得到不同类型下的机器学习算法；另外，还介绍了相关的常用软件库，并进一步学习了机器学习的环境搭建。

◆ 练 习 题 ◆

一、选择题

1.使用机器学习方法判断"明天中午 12 点的温度是多少"是（　　）问题。

  A. 回归　　　　　　B. 分类　　　　　　C. 聚类

2.使用机器学习方法判断"明天是否会下雨"是（　　）问题。

  A. 回归　　　　　　B. 分类　　　　　　C. 聚类

3.使用机器学习方法判断"将一组数据聚集成几个不同的类"是（　　）问题。

  A. 回归　　　　　　B. 分类　　　　　　C. 聚类

4.以下（　　）函数库中包含了常见的机器学习方法。

  A. SciPy　　　　　B. Matplotlib　　　　C. Sklearn　　　　　D. NumPy

5.按照学习的过程对机器学习算法进行分类，机器学习算法包含（　　）。

  A. 监督学习　　　B. 无监督学习　　　C. 强化学习　　　　D. 半监督学习

  E. 主动学习

二、简答题

1.简述机器学习应用场景。

2.列举 Python 语言下常用的机器学习库。

3.描述机器学习步骤及每个步骤的作用。

4.列出常用的机器学习算法。

项目2

数据预处理

项目导读

    在学习机器学习算法之前，需要了解各种专业术语以及数据如何预处理，这样才能深入学习机器学习算法。一般需要重点了解什么是训练集、验证集、测试集。掌握数据预处理的各种方法以及主成分分析（Principal Component Analysis，PCA）在数据特征提取中的应用。

学习目标

    ➢ 掌握训练集、验证集和测试集的划分方法。

    ➢ 掌握数据预处理的方法。

    ➢ 理解主成分分析函数并应用。

知识导图

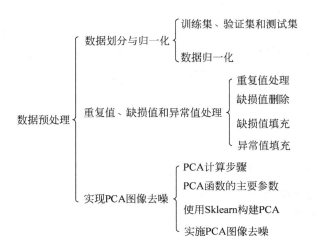

任务 2-1　数据划分与归一化

■ **任务描述**

学习数据集划分的意义与作用、数据归一化的作用。

■ **任务目标**

掌握划分训练集、验证集和测试集的方法，以及常见的两种数据归一化方法。

任务实施

本任务主要围绕数据集划分进行讲解，介绍数据集划分的意义，如何使用 Sklearn 库来进行数据集的划分，如何对数据进行归一化处理，以及数据归一化的作用与常见的方法。

步骤 1　**了解训练集、验证集和测试集**

在监督学习的项目中，开始时需要付出一些努力来构建带有标记示例的数据集。在实践中，需要从标记数据中提取三个子集：训练集、验证集和测试集，如图 2-1 所示。这是评估不同模型性能和超参数调整效果的重要步骤。

| 训练集 | 验证集 | 测试集 |

图 2-1　划分的三个子集

- 训练集：用于训练模型的数据，被输入生成模型的算法中，所述模型将输入映射至输出。
- 验证集：用于评估具有不同超参数值的模型的性能，在数量上少于训练集。它还用于在训练阶段检测过度拟合现象，在调整模型超参数时，对训练数据集上的模型拟合提供无偏评估的数据样本，使评估变得更加具有针对性。
- 测试集：用于了解超参数调整后模型的最终性能，用于对训练集上的最终模型拟合提供无偏评估的数据样本，用于了解不同模型的性能，如 SVM（Support Vector Machine，支持向量机）、神经网络、随机森林等。

验证集和测试集通常比训练集小得多。根据数据量，一般会留出 80%～90% 用于训练，其余部分平均分配用于验证和测试。许多因素会影响划分的确切比例，但一般而言，大部分数据用于训练。

验证集和测试集在开始训练时被搁置一旁，不用于训练，而是用来评估模型的性能情况。

通过以下实例来了解一下 Scikit-learn（简称 Sklearn）库中划分数据集的办法。下面的程序中一共有 10 组数据，通过 train_test_split 函数对 10 组数据进行划分，测试集所占比例为 30%。

train_test_split 的主要参数如下。

- train_data：待要划分的数据集。
- train_target：待要划分的数据集结果。
- test_size：样本所占的比例，如果是整数，则表示为样本的数量。
- random_state：随机数的种子，如果随机种子一样，则生成的数据集是相同的。

【代码 2-1】

```
# 第一步：装载数据
import numpy as np
X=np.array([
    10,11,12,13,14,
    15,16,17,18,19
])
y=np.array([
    0,1,2,3,4,
    5,6,7,8,9
])
# 第二步：数据集划分
from sklearn.model_selection import train_test_split
X_train,X_test,y_train,y_test=train_test_split(X,y,test_size=0.3)
# 第三步：输出结果
print(X)
print(y)
print(X_train)
print(X_test)
print(y_train)
print(y_test)
```

输出结果如下。

```
[10 11 12 13 14 15 16 17 18 19]
[0 1 2 3 4 5 6 7 8 9]
[19 18 11 16 14 15 10]
[12 17 13]
[9 8 1 6 4 5 0]
[2 7 3]
```

通过代码 2-1 实现了数据集的划分。可以看出，通过 train_test_split 函数可以将数据集准确地划分出训练集和测试集，其中 test_size 设置为 0.3，两个数据集分别包含 10 个数据，因此 x_test、y_test 中分别包含 3 个数据。

步骤 2 **数据归一化**

数据中每个特征的度量单位不同，大尺度的特征对结果影响较大，小尺度的特征对结果影响可能被忽略，因此需要消除数据尺度差异，那么就需要对数据进行归一化处理。归一化就是把数据限制在一定范围内。常见的归一化方法有两种：最小值最大值归一化和均值方差归一化。

最小值最大值归一化的公式如下：

$$X^* = \frac{X - X_{\min}}{X_{\max} - X_{\min}} \qquad (2\text{-}1)$$

式中，$X_{\min}$ 和 $X_{\max}$ 分别表示数据中的最小值和最大值；X 和 X^* 分别表示归一化前和归一化后的数据。

均值方差归一化的公式如下：

$$X^* = \frac{X - X_{\mu}}{X_{\sigma}} \qquad (2\text{-}2)$$

式中，X_{μ} 和 X_{σ} 分别表示数据的均值和方差。

接下来，我们通过 Sklearn 中的函数来进行数据的标准化处理。最小值最大值归一化用到的代码如代码 2-2 所示。其中，在进行归一化处理中，使用了 preprocessing 中的 MinMaxScaler 函数。

【代码 2-2】

```
# 第一步：装载数据
import numpy as np
X = np.array([[2,   2,  -1],
              [1,   2,  -2],
              [0,  -2,   2]])
# 第二步：数据预处理
from sklearn import preprocessing
scaler = preprocessing.MinMaxScaler()
X_processing = scaler.fit_transform(X)
print(X_processing)
```

输出结果如下。

```
[[1.  1.  0.25]
 [0.5 1.  0.  ]
 [0.  0.  1.  ]]
```

从上面的输出结果可以看出，数据的范围经过归一化处理后变成了 [0,1]。

均值方差归一化用到的代码如代码 2-3 所示。其中，使用 preprocessing 中的 StandardScaler 函数。

【代码 2-3】

```
# 第一步：装载数据
import numpy as np
X = np.array([[2,    2,   -1],
              [1,    2,   -2],
              [0,   -2,    2]])
# 第二步：数据预处理
from sklearn import preprocessing
scaler = preprocessing.StandardScaler()
X_processing = scaler.fit_transform(X)
print(X_processing.std())
print(X_processing.mean())
```

输出结果如下。

```
[[ 1.22474487   0.70710678  -0.39223227]
 [ 0.          0.70710678  -0.98058068]
 [-1.22474487  -1.41421356   1.37281295]]
1.0
2.4671622769447922e-17
```

从上面的输出结果可以看出，数据的均值和方差经过归一化后分别为 0 和 1。

任务 2-2　重复值、缺损值和异常值处理

■ **任务描述**

学习重复值处理、缺损值删除、缺损值填充和异常值填充方法。

■ **任务描述**

熟练掌握数据预处理的几种方法。

 任务实施

数据预处理是机器学习中一个重要的步骤。在没有预处理的情况下，垃圾输入和垃圾输出可能得到意想不到的结果。

数据预处理的第一步是清洗数据。就像人们在烹饪之前清洗食材一样，人们需要处理从大量信息中提取的数据，以保留重要的信息并清除无用的信息。传输错误、人工输入错误等问题会导致出现重复数据、缺失数据和噪声数据，为此需要进行数据清洗。

步骤 1 重复值处理

有时因为人为统计，在录入数据时重复录入了同一条数据。在数据清洗时，需要将重复数据清洗掉。本书使用 Pandas 库进行重复值删除，用到的函数为 drop_duplicates。

下面通过程序来删除一组数据中的重复值，用到的数据如表 2-1 所示。

表 2-1　身高、体重数据集（1）

序号	学号	身高 /cm	体重 /kg
0	1	172.0	70
1	2	162.0	62
2	3	175.0	75
3	4	170.0	68
4	5	168.0	67
5	6	160.0	58
6	7	164.0	64
7	7	164.0	64
8	8	160.0	53

【代码 2-4】

```
import pandas as pd
data=pd.DataFrame({
                '学号':[1,2,3,4,5,6,7,7,8],
                '身高':[172.0,162.0,175.0,170.0,168.0,160.0,164.0,
                        164.0,160.0],
                '体重':[70,62,75,68,67,58,64,64,53]
})
data.duplicated()
```

代码 2-4 给出了学生身高、体重的数据集，并通过 duplicated 函数判断数据集中哪些数据是重复数据，重复数据标记为 True。

代码 2-4 返回结果如下。

```
0    False
1    False
2    False
3    False
4    False
```

```
5       False
6       False
7       True
8       False
```

可以看出，序号为 7 的数据为重复数据。

接下来通过 drop_duplicates 函数删除重复数据。

```
data.drop_duplicates(['学号'],'first',inplace=True)
print(data)
```

返回结果如下。

```
      学号    身高     体重
0     1     172.0   70
1     2     162.0   62
2     3     175.0   75
3     4     170.0   68
4     5     168.0   67
5     6     160.0   58
6     7     164.0   64
8     8     160.0   53
```

由如上结果可以看出，已经将重复数据（序号为 7 的数据）删除了。

步骤 2 缺损值删除

有时提取的数据中会丢失某些信息（如因为信号问题，传感器通过蓝牙或者 4G 网络传输时丢失了数据）。对于丢失的数据，系统会使用缺损值来填充。当系统中有大量数据可供使用时，如果少量数据中缺少部分字段，人们可能会选择忽略整条数据。本任务通过 Pandas 库删除缺损数据，用到的数据如表 2-2 所示。

表 2-2　身高、体重数据集（2）

序号	学号	身高 /cm	体重 /kg
0	1	172.0	70
1	2	162.0	62
2	3	175.0	75
3	4	170.0	68
4	5	NaN	67
5	6	160.0	58
6	7	164.0	64
7	7	164.0	64
8	8	160.0	53

【代码 2-5】

```
import pandas as pd
import numpy as np
data=pd.DataFrame({
                '学号':[1,2,3,4,5,6,7,7,8],
                '身高':[172.0,162.0,175.0,170.0,np.nan,160.0,164.0,
                       164.0,160.0],
                '体重':[70,62,75,68,67,58,64,64,53]
})
```

接下来使用 dropna 函数来删除数据集中包含空值的数据，代码如下。

```
data=data.dropna()
print(data)
```

输出结果如下。

	学号	身高	体重
0	1	172.0	70
1	2	162.0	62
2	3	175.0	75
3	4	170.0	68
5	6	160.0	58
6	7	164.0	64
7	7	164.0	64
8	8	160.0	53

更改 dropna 函数中的参数，传递参数改为 how='all'，只有某条数据全部为空值时才删除该条数据。输入以下代码。

```
data=data.dropna(how='all')
print(data)
```

得到的结果如下。

	学号	身高	体重
0	1	172.0	70
1	2	162.0	62
2	3	175.0	75
3	4	170.0	68
4	5	NaN	67
5	6	160.0	58
6	7	164.0	64
7	7	164.0	64
8	8	160.0	53

由如上结果可以看出，数据集中没有任何一条数据被删除。

步骤3 缺损值填充

有时系统中存储的数据有限且数据存在缺损，此时就不能丢弃这样的数据，可以使用固定值来填充这些缺损值。

使用固定值来填充缺损值，用到的数据如表2-3所示。

表 2-3 身高、体重数据集（3）

序号	学号	身高 /cm	体重 /kg
0	1	172.0	70
1	2	162.0	62
2	3	175.0	75
3	4	170.0	68
4	5	NaN	67
5	6	160.0	58
6	7	164.0	64
7	7	164.0	64
8	8	160.0	53

【代码 2-6】

```
import pandas as pd
import numpy as np
data=pd.DataFrame({
                '学号':[1,2,3,4,5,6,7,7,8],
                '身高':[172.0,162.0,175.0,170.0,np.nan,160.0,164.0,
                       164.0,160.0],
                '体重':[70,62,75,68,67,58,64,64,53]
})
```

使用数值170来填充缺损的数据，用到的函数如下。

```
data=data.fillna(170)
print(data)
```

返回结果如下。

```
   学号   身高   体重
0   1  172.0   70
1   2  162.0   62
2   3  175.0   75
3   4  170.0   68
4   5  170.0   67
```

5	6	160.0	58
6	7	164.0	64
7	7	164.0	64
8	8	160.0	53

如果数据与它附近的数据相关性较强，那么可以使用缺损值的前一行或者后一行数据进行填充。使用缺损值的前一行进行填充，代码如下。

```
data = data.fillna(method='ffill')
print(data)
```

返回结果如下。

	学号	身高	体重
0	1	172.0	70
1	2	162.0	62
2	3	175.0	75
3	4	170.0	68
4	5	170.0	67
5	6	160.0	58
6	7	164.0	64
7	7	164.0	64
8	8	160.0	53

使用缺损值的后一行进行填充，代码如下。

```
data=data.fillna(method='bfill')
print(data)
```

返回结果如下。

	学号	身高	体重
0	1	172.0	70
1	2	162.0	62
2	3	175.0	75
3	4	170.0	68
4	5	160.0	67
5	6	160.0	58
6	7	164.0	64
7	7	164.0	64
8	8	160.0	53

还可以使用身高的均值来填充缺损值，代码如下。

```
data['身高'].fillna(data['身高'].mean(),inplace=True)
print(data)
```

返回结果如下。

```
     学号      身高      体重
0    1     172.000     70
1    2     162.000     62
2    3     175.000     75
3    4     170.000     68
4    5     165.875     67
5    6     160.000     58
6    7     164.000     64
7    7     164.000     64
8    8     160.000     53
```

步骤 4 异常值填充

在采集数据时，经常出现手动输错的问题，造成数据超出正常值范围。从数据量的需求考虑，又不能舍弃这些数据，因此需要将这些异常值进行替换。

这一步用到的数据如表 2-4 所示，其中第五条数据中的身高值达到 1700cm，属于异常值，需要将这个数值换成其他身高值中最大的值。

表 2-4　身高、体重数据集（4）

序号	学号	身高 /cm	体重 /kg
0	1	172.0	70
1	2	162.0	62
2	3	175.0	75
3	4	170.0	68
4	5	1700.0	67
5	6	160.0	58
6	7	164.0	64
7	7	164.0	64
8	8	160.0	53

【代码 2-7】

```python
import pandas as pd
import numpy as np
data=pd.DataFrame({
                '学号':[1,2,3,4,5,6,7,7,8],
                '身高':[172.0,162.0,175.0,170.0,1700.0,160.0,164.0,
                       164.0,160.0],
                '体重':[70,62,75,68,67,58,64,64,53]
})
print("是否存在超出正常身高范围的值：",any(data['身高']>200))
```

输出结果如下。

是否存在超出正常身高范围的值：True

接下来使用如下四行代码，对身高超过 200cm 的数据使用所有数据中仅次于 200cm 的数据进行填充。

```
# 得到所有身高值中仅次于 200cm 的数据
renew_value=data[' 身高 '][data[' 身高 ']<200].max()
# 使用上一步得到的数据来替换所有身高超过 200cm 的数据
data.loc[data[' 身高 ']>200,' 身高 ']=renew_value
```

使用以上代码，输出结果如下。

```
   学号  身高  体重
0   1  172   70
1   2  162   62
2   3  175   75
3   4  170   68
4   5  175   67
5   6  160   58
6   7  164   64
7   7  164   64
8   8  160   53
```

由如上结果可以看出，第五条数据中的身高值已经被替换为 175cm。

除了数值会超过最大值范围外，还有数值会小于最小值的情况。如表 2-5 所示，其中，第五条数据中的身高值仅为 17cm，属于异常值，需要将这个数值换成其他身高值中最小的值。

表 2-5 身高、体重数据集（5）

	学号	身高 /cm	体重 /kg
0	1	172.0	70
1	2	162.0	62
2	3	175.0	75
3	4	170.0	68
4	5	17.0	67
5	6	160.0	58
6	7	164.0	64
7	7	164.0	64
8	8	160.0	53

【代码 2-8】

```
import pandas as pd
```

```
import numpy as np
data=pd.DataFrame({
                    '学号':[1,2,3,4,5,6,7,7,8],
                    '身高':[172.0,162.0,175.0,170.0,17.0,160.0,164.0,
                           164.0,160.0],
                    '体重':[70,62,75,68,67,58,64,64,53]
})
print("是否存在低于正常身高范围的值: ",any(data['身高']<50))
```

输出结果如下。

是否存在低于正常身高范围的值：True

对于身高低于 50cm 的值，用其他身高中的最小值来填充，代码如下。

```
renew_value=data['身高'][data['身高']>50].min()
data.loc[data['身高']<50,'身高']=renew_value
print(data)
```

输出结果如下。

	学号	身高	体重
0	1	172.0	70
1	2	162.0	62
2	3	175.0	75
3	4	170.0	68
4	5	160.0	67
5	6	160.0	58
6	7	164.0	64
7	7	164.0	64
8	8	160.0	53

由如上结果可以看出，第五条数据中的身高值已经被替换为 160cm。

任务 2-3　实现 PCA 图像去噪

■ 任务描述

本任务主要学习主成分分析方法的概念、主成分分析的计算步骤，基于 Sklearn 库构建 PCA，并使用 PCA 进行图像去噪处理。

■ 任务目标

掌握主成分分析方法的计算步骤，并应用到图像去噪中。

图像去噪的原理

知识准备

　　PCA 是一种无监督算法，也是一种"降维"方法。它将相互关联的变量数量减少，而不会失去这些变量的本质。它概述了输入和变量之间的线性关系。PCA 还可以作为一种工具来更好地对高维数据进行数据可视化。

任务实施

　　在应用机器学习技术时，要处理成百上千个变量。大多数变量是相互关联的。在这种情况下，将模型拟合到数据集会导致模型的准确性较差，因此需要消除数据中的冗余信息。此任务将介绍如何使用 PCA 进行数据的冗余消除、特征提取并将 PCA 应用到图像去噪中。

步骤 1 了解 PCA 计算步骤

PCA.py

主成分分析的主要步骤如下。

（1）对所有的样本进行中心化：样本的每个特征减去该样本的特征均值。

（2）计算样本的协方差矩阵。

（3）对协方差矩阵进行特征值分解。

（4）取出最大的 n 个特征值对应的特征向量，将所有的特征向量标准化，组成特征向量矩阵。

（5）用特征向量矩阵乘以样本集中的每一个样本，转化为新的样本，即为降维后的输出样本。

步骤 2 了解 PCA 函数的主要参数

主成分分析函数 classsklearn.decomposition.PCA 的主要参数如下。

● n_components：经过 PCA 降维后的目标特征维度数目。

● copy：在运行算法时，根据 copy 的值决定是否将原始数据复制一份。默认为 True，在运行 PCA 降维后，不改变原始数据；否则，在原始数据上直接进行降维处理。

● whiten：表示是否对降维后的数据的每个特征进行标准化。默认为 False，令每个特征的方差都为 1。

● svd_solver：指定奇异值分解（Singular Value Decomposition，SVD）的方法。①当 svd_solver 值为 'randomized' 时，采用一些随机算法加快 SVD 求解，这种方法适合

处理大数据量、维度多的数据；②当 svd_solver 值为 'full' 时，则采用传统意义上的 SVD 进行求解。

步骤 3 使用 Sklearn 构建 PCA

通过 Sklearn 库中的 PCA 方法进行数据的主要特征提取，主要步骤如下：首先装载输入，接下来引入 PCA、设置 PCA 的参数，然后提取数据特征，最后是数据还原等。下面通过代码 2-9 来实现数据的主要特征提取。

【代码 2-9】

```python
# 第一步：装载数据
import numpy as np
X=np.array([
           [1,2,1,2],
           [7,2,2,4],
           [3,7,3,6],
           [2,5,2,3],
           [3,2,2,9],
           [5,0,3,5]])
# 第二步：选择 PCA 算法并设置参数
from sklearn.decomposition import PCA
pca=PCA(n_components=3)
# 第三步：进行数据降维
X_pca=pca.fit_transform(X)
# 第四步：将降维后的数据进行还原
X_new=pca.inverse_transform(X_pca)
# 第五步：输出 PCA 模型系数
print(pca.explained_variance_ratio_)
print(X_new)
```

输出结果如下。

```
[0.44274388  0.35663085 0.18459621]
[[0.95722833 1.97159761 1.22028273 1.9753309 ]
 [6.88643498 1.92458751 2.58488274 3.93449993]
 [3.05169086 7.03432515 2.73378166 6.02981336]
 [2.01310818 5.00870444 1.93249024 3.00756031]
 [2.92587872 1.95078    2.38173953 8.95724961]
 [5.16565893 0.11000528 2.14682309 5.09554589]]
```

代码 2-9 采用 PCA 方法对数据进行降维，并对降维后的数据进行恢复，PCA（n_components=*n*）函数中的参数 n_components 表示降维后的目标维度，一般小于数据的特征数，此案例中的数据特征数为 4，目标维度设置为 3。可以看到恢复后的数据与原始数据比较接近，例如，原始数据为 5，恢复后数据为 5.16。

步骤4　实施 PCA 图像去噪

PCA 还可以用于图像去噪（即减少数字图像中含有的噪声信息）。PCA 认为图像的噪声是异常值，不属于图像的主要部分，它可以提取信息的主要成分，因此可以使用 PCA 对图像进行去噪。本任务使用的图片如图 2-2 所示。代码 2-10 先将彩色图片转换成灰度图片，再对灰度图片进行去噪处理。

图 2-2　未加噪声的原始图像

【代码 2-10】

```
# 第一步：读取并显示图片
from sklearn.datasets import load_sample_image
import matplotlib.pyplot as plt
import numpy as np
img1=load_sample_image("china.jpg")
img1=np.array(img1,dtype=np.float64)/255
plt.imshow(img1)
plt.show()
# 第二步：图像灰度化
from skimage import color,filters
img1=color.rgb2gray(img1)
img2=np.random.normal(img1.data,0.1)
plt.imshow(img2,cmap='gray')
plt.show()
# 第三步：PCA 降维去噪
from sklearn.decomposition import PCA
pca=PCA(0.8)
img2_pca=pca.fit_transform(img2)
img3=pca.inverse_transform(img2_pca)
# 第四步：显示去噪后的图像
plt.imshow(img3,cmap='gray')
plt.show()
```

输出结果如图 2-3 和图 2-4 所示。

图 2-3　含有噪声的图像

图 2-4　去除噪声的图像

代码 2-10 使用了 PCA 算法对图像进行去噪，其中 PCA 的参数设置为 0.8，表示保留图像 80% 的主要特征。图 2-3 为含噪图像，图 2-4 为去噪后的图像。从图 2-3 和图 2-4 可以看出，图 2-4 比图 2-3 平滑，说明去除了一些噪声。

◆ 项 目 小 结 ◆

本项目介绍了机器学习数据集的划分、数据的预处理和数据的降维。本项目的难点是 Sklearn 库中使用函数完成数据集划分、数据预处理和数据降维。数据预处理是机器学习的基础部分，接下来的机器学习算法应用，都需要使用本项目中的知识。

◆ 练 习 题 ◆

一、选择题

1. 以下（　　　）函数是 Sklearn 库中用于划分数据集的。

　　A. MinMaxScaler　　　　B. train_test_split　　　　C. StandardScaler

2. 以下（　　　）函数是 Sklearn 库中用于均值方差归一化数据集的。

　　A. MinMaxScaler　　　　B. train_test_split　　　　C. StandardScaler

3. Sklearn 库中用于划分数据集函数的（　　　）参数如果设置为一样，那么得到的划分结果也一样。

　　A. MinMaxScaler　　B. stratify　　C. test_size　　D. random_state

4. 以下（　　　）函数是用来删除数据中包含空值数据的。

　　A. fillna　　　　B. dropna　　　　C. loc

5. Sklearn 库中的主成分分析函数的（　　　）参数用来表示经过 PCA 降维后的目标特征维度数目。

　　A. n_components　　B. copy　　C. whiten　　D. svd_solver

二、简答题

1. 简述机器学习中测试集和验证集的作用。

2. 简述机器学习中原始数据常见的一些问题。

3. 简述 PCA 的原理、特点及应用场景。

4. 设置 train_test_split 函数中参数 random_state 为 None，观察数据集划分结果是否相同。

项目3

基于 K-Means 算法的应用实践

 项目导读

在机器学习中，经常需要确定目标所属的类别。例如，要判定一个动物是狗、猫还是其他动物。解决这类问题的办法是先提供一些含有各种动物的数据集，让算法得到充分的训练学习，然后根据学习得到的先验信息对一个动物的类型做出判断。这种做法称为有监督学习，它分为训练和预测两个阶段。在训练阶段，使用大量的样本进行学习，得到一个判定动物类型的模型。在预测阶段，给出一张含有动物的图像，就可以使用这个模型预测出它的类别。

 学习目标

➤ 掌握图像聚类算法 K-Means 的含义。

➤ 理解身高、体重聚类，确定 K 值。

➤ 掌握用 K-Means 算法压缩图像的方法。

✎ 知识导图

```
                                             ┌─ 了解算法步骤
                        ┌─ 使用K-Means算法    │
                        │  实现聚类手写图像    ├─ 计算点与质心的距离计算方法
                        │                     │
                        │                     └─ 实现图像聚类
    基于K-Means算法      │
    的应用实践          ┤                     ┌─ 可视化结果
                        │  实现身高、体重聚类  ├─ 认识肘部法则
                        │                     └─ 认识轮廓系数法
                        │
                        └─ 使用K-Means算法实现图像压缩
```

任务 3-1　使用 K-Means 算法实现聚类手写图像

■ **任务描述**

本任务学习聚类算法的基本原理、基本步骤，并使用 Sklearn 中的 K-Means 算法实现聚类手写数字图像。

■ **任务目标**

熟练使用 Sklearn 中的 K-Means 算法来完成一些图像聚类的操作。

知识准备

1. 聚类算法

与分类问题相似，聚类算法也需要确定一个物体的类别，不同的是，它没有事先定义类别，需要用户想办法把一批样本分开，形成多个类别。聚类算法需要保证每一个类中的样本之间是相似的，而不同类的样本之间是不同的。在这里，类型被称为"簇"（cluster）。例如有一群动物，事先没有说明有哪些动物，也没有一个训练好的判定各种动物的模型，聚类算法要自动将这群动物进行归类。这里没有统一的、确定的划分标准，可能有人将颜色相似的动物归在一起，有人将形状相似的动物归在一起。聚类算法是一种无监督学习，没有训练过程，这是和分类算法最本质的区别。算法要根据自己定义的规则，将相似的样本划分在一起，不相似的样本分成不同的类。

聚类就是按照某个特定标准把一个数据集分割成不同的类或簇，如图 3-1 所示，使同一个簇内的数据对象的相似性尽可能大，同时不同簇间的数据对象的差异性尽可能地大，本质上是集合划分问题。聚类算法的核心是如何定义簇，要求簇内的样本尽可能相似。簇的划分通常是根据簇内样本之间的距离或样本点在数据空间中的密度来确定。

在生物学中，聚类可以用来发现具有类似表达模式的基因群组。在日常的网上购物中，聚类可以用来定位一个用户可能感兴趣的产品。在市场

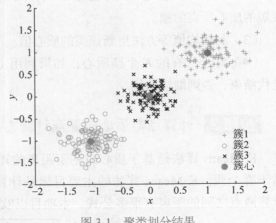

图 3-1　聚类划分结果

营销中，聚类可以用来发现相似用户的分组。

2. K-Means 算法

K-Means 算法是机器学习中常用的无监督的聚类算法。对于给定的数据集，可以通过算法划分成 K 个不同的簇，且每个簇的中心（质心）可以通过属于该簇所有点坐标的平均或者加权平均计算而成。簇个数 K 是用户指定的，每一个簇通过其质心来描述。以距离作为数据对象间相似性度量的标准，即数据对象间距离越小，它们的相似性越高，越有可能在同一个簇中。K-Means 算法通常采用欧式距离来计算数据对象间的距离。

K-Means 算法在没有监督的情况会从经验中学习，性能可以通过一定的指标衡量。该算法的原理相对简单，可解释性好，收敛速度快，调参也只需要改变簇个数 K 一个参数。初始值的确定对于 K-Means 算法的结果影响较大，可能每次聚类的结果并不完全一致，也可能只是局部最优而不是全局最优。尤其是在两个簇距离过近时，影响较大。

 任务实施

本任务将介绍 K-Means 的定义算法实现的步骤、质心的计算，并使用 K-Means 算法来实现二维图像聚类。

K-Means.py

步骤 1 了解算法步骤

K-Means 算法的步骤如下。

（1）适当选择 K 个簇的初始质心。

（2）在第 k 次迭代中，对任意一个样本，求其到 K 个质心的距离，将该样本归到距离最短的质心所在的簇。

（3）利用均值等方法更新该类的质心值。

（4）对于所有的 K 个簇质心，如果利用（2）和（3）的迭代更新后值保持不变，则迭代结束，否则继续迭代。

步骤 2 计算点与质心的距离计算方法

K-Means 算法是基于质心或基于距离的算法，根据每个点到质心的距离分别计算出属于哪个簇。K-Means 算法的主要目标是计算出各个点到各自质心距离之和的最小值。计算两点之间的距离有很多公式，本项目以欧氏距离计算公式为例，如式（3-1）所示。

$$d = \sqrt{(x_1 - x_2)^2 + (y_1 - y_2)^2}$$

（3-1）

步骤 3 实现图像聚类

图像聚类可以用于划分图像数据集，并且发现同类图像的特征。接下来我们使用 Sklearn 中的 K-Means 算法来聚类手写数字图像，使用的数据集是 Sklearn 自带的手写数据库，其中包含了 0～9 的手写数字，一共 10 个类 1797 张图片，每张图片的分辨率是 8 像素×8 像素。图 3-2 表示数字 0 的手写数字图像，图 3-3 表示数字 9 的手写数字图像。

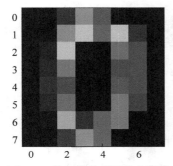

图 3-2 数字 0 的手写数字图像

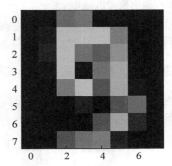

图 3-3 数字 9 的手写数字图像

【代码 3-1】

```
# 第一步：装载数据
from sklearn.datasets import load_digits
digits = load_digits()
X = digits.data;
y = digits.target
# 第二步：引入时间计时
import time
start = time.process_time()
# 第三步：进行 K-Means 聚类
from sklearn.cluster import KMeans
KM = KMeans(n_clusters=10)
c = KM.fit_predict(X)
end = time.process_time()
print('Time is %.3f' % (end - start))
# 第四步：计算聚类结果
import numpy as np
y_predict = np.zeros_like(c)
from scipy.stats import mode
for i in range(10):
    mask = (c == i)
    y_predict[mask] = mode(y[mask])[0]
KM.cluster_centers_.shape
# 第五步：显示聚类中心
```

```
import matplotlib.pyplot as plt
plt.rcParams['font.sans-serif'] = [u'SimHei']
plt.rcParams['axes.unicode_minus'] = False
fig, ax = plt.subplots(2, 5, figsize = (8, 3))
centers = KM.cluster_centers_.reshape(10, 8, 8)
for axi, center in zip(ax.flat, centers):
    axi.set(xticks = [], yticks = [])
    axi.imshow(center, cmap = plt.cm.binary)
# 第六步：输出聚类准确率
from sklearn.metrics import accuracy_score
print(' 聚类准确率为: %.4f %%' % accuracy_score(y, y_predict))
```

输出结果如下，显示的聚类中心如图 3-4 所示。

```
Time is 0.406
聚类准确率为: 0.7919 %
```

图 3-4　聚类中心

代码 3-1 采用 K-Means 算法对手写数字进行识别，其中，因为我们已经知道这些数字图片一共有 10 个类，所以 K-Means 函数中的 n_clusters 设置为 10。图 3-4 为聚类中心，一共 10 个，可以看见数字 0～9。

项目 2 中学习的 PCA 可以用于数据降维，提出数据中的主要信息，我们通过 PCA 对手写字符数据进行降维处理，观察降维后的聚类结果，使用的程序如下。

【代码 3-2】

```
# 第一步：装载数据
from sklearn.datasets import load_digits
digits = load_digits()
X = digits.data;
y = digits.target
# 第二步：引入时间计时
import time
from sklearn.decomposition import PCA
start = time.process_time()
# 第三步：PCA 降维
pca = PCA(n_components=10)
```

```
pca.fit(X)
X_reduction = pca.transform(X)
print(X_reduction.shape)
end = time.process_time()
print('PCA Time is %.3f' % (end - start))
# 第四步: K-Means 聚类
from sklearn.cluster import KMeans
start = time.process_time()
KM = KMeans(n_clusters = 10)
c = KM.fit_predict(X_reduction)
end = time.process_time()
print('K-Means Time is %.3f' % (end - start))
# 第五步: 计算聚类结果
from scipy.stats import mode
import numpy as np
y_predict = np.zeros_like(c)
for i in range(10):
    mask = (c == i)
    y_predict[mask] = mode(y[mask])[0]
# 第六步: 输出聚类准确率
from sklearn.metrics import accuracy_score
print(' 聚类准确率为: %.4f %%' % accuracy_score(y, y_predict))
```

输出结果如下。

```
(1797, 10)
PCA Time is 0.094
K-Means Time is 0.406
聚类准确率为: 0.7869 %
```

通过 PCA 提取特征后再进行聚类，时间比没有 PCA 降维处理的时间还要多，这是因为 PCA 降维处理部分花了部分时间。

在上一个数据集中，数据量只有 1797。接下来，我们通过对 MNIST 数据集进行测试，来验证 PCA 对聚类的影响。MNIST 数据库是手写数字的数据集，它有 60000 个训练样本和 1000 个测试样本，每个图像大小为 28 像素 × 28 像素。

先观察不使用 PCA 降维的聚类结果，使用的程序如下。

【代码 3-3】

```
# 第一步: 装载数据
from sklearn.datasets import load_digits
from sklearn.datasets import fetch_openml
digits = fetch_openml('mnist_784')
X = digits.data
y = digits.target
```

```
# 第二步：引入时间计时
import time
start = time.process_time()
# 第三步：K-Means 聚类
from sklearn.cluster import KMeans
KM = KMeans(n_clusters = 10)
c = KM.fit_predict(X)
end = time.process_time()
print('Time is %.3f' % (end - start))
# 第四步：计算聚类结果
from scipy.stats import mode
import numpy as np
y_predict = np.zeros_like(c)
for i in range(10):
    mask = (c == i)
    y_predict[mask] = mode(y[mask])[0]
# 第五步：显示聚类结果
import matplotlib.pyplot as plt
plt.rcParams['font.sans-serif'] = [u'SimHei']
plt.rcParams['axes.unicode_minus'] = False
fig, ax = plt.subplots(2, 5, figsize = (8, 3))
centers = KM.cluster_centers_.reshape(10, 28, 28)
for axi, center in zip(ax.flat, centers):
    axi.set(xticks = [], yticks = [])
    axi.imshow(center, cmap = plt.cm.binary)
import pandas as pd
y = y.astype(np.int8)
y_predict = pd.DataFrame(y_predict)
y_predict = y_predict.astype(np.int8)
# 第六步：输出聚类准确率
from sklearn.metrics import accuracy_score
print('聚类准确率为: %.4f %%' % accuracy_score(y, y_predict))
```

聚类结果如图 3-5 所示。

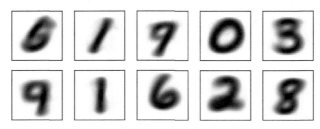

图 3-5　聚类结果

```
Time is 169.375
聚类准确率为: 0.5851 %
```

代码 3-3 通过 K-Means 算法对 MNIST 数据集进行聚类，MNIST 数据集中包含了 60000 张图片，数据量相对较大，其中 K-Means 函数中的 n_clusters 设置为 10，图 3-5 为聚类中心，可以看见 0～9 十个数字。

使用 PCA 对数据先进行特征提取，然后再进行聚类，使用的程序如代码 3-4。

【代码 3-4】

```
# 第一步：装载数据
from sklearn.datasets import load_digits
from sklearn.datasets import fetch_openml
digits = fetch_openml('mnist_784')
X = digits.data
y = digits.target
# 第二步：PCA 降维
import time
start = time.process_time()
from sklearn.decomposition import PCA
pca = PCA(n_components = 64)
pca.fit(X)
X_reduction = pca.transform(X)
print(X_reduction.shape)

from sklearn.cluster import KMeans
KM = KMeans(n_clusters = 10)
c = KM.fit_predict(X_reduction)
end = time.process_time()
print('Time is %.3f' % (end - start))
# 第三步：计算聚类结果
from scipy.stats import mode
import numpy as np
y_predict = np.zeros_like(c)
for i in range(10):
    mask = (c == i)
    y_predict[mask] = mode(y[mask])[0]
# 第四步：显示聚类结果
from sklearn.metrics import accuracy_score
y = y.astype(np.int8)
import pandas as pd
y_predict = pd.DataFrame(y_predict)
y_predict = y_predict.astype(np.int8)
accuracy_score(y, y_predict)
```

输出结果如下。

```
Time is 28.719
聚类准确率为: 0.5847 %
```

在没有使用 PCA 进行降维时，数据的维度是 784；使用 PCA 降维后，数据的维度是 64。在聚类的准确率基本相同的情况下，降维后聚类用时 28.719s；没有降维时，用时 169.375s。可见，降维后聚类用时只是之前的 1/6 左右，说明 PCA 可以有效地提高效率。

任务 3-2　实现身高、体重聚类

■ **任务描述**

使用身高、体重聚类的例子，来学习如何确定 K-Means 算法中的 K 值。

■ **任务目标**

熟练掌握确定 K 值的方法。

 任务实施

在本任务中，将介绍根据学生的身高、体重，使用 K-Means 算法对学生的这些数据进行聚类，通过肘部法则与轮廓系数法观察、分析聚类结果，确定合适的 K 值。

步骤 1　可视化结果

对于 K-Means 算法而言，确定 K 值至关重要。下面介绍两种常用的确定 K 值的方法：肘部法则和轮廓系数法。表 3-1 是班级学生的身高、体重，通过 K-Means 算法来对这些数据进行聚类。接下来先通过代码 3-5 对数据进行二维可视化来观察数据，以确定数据划分最佳的类别数。

表 3-1　身高、体重数据集

序号	身高 /cm	体重 /kg	序号	身高 /cm	体重 /kg
1	159.3	60.5	11	185.3	81.0
2	160.3	60.2	12	161.3	62.2
3	165.2	60.4	13	164.2	64.4
4	162.5	62.1	14	163.5	65.1
5	175.4	75.1	15	176.4	75.1
6	178.6	75.3	16	185.6	85.3
7	177.1	78.2	17	175.1	78.0
8	176.4	75.4	18	168.4	60.4
9	189.4	85.8	19	187.4	80.8
10	176.2	73.7	20	185.2	79.7

【代码 3-5】

```python
# 第一步：装载数据
import numpy as np
X = np.array([
                159.3,160.3,165.2,162.5,
                175.4,178.6,177.1,176.4,
                189.4,176.2,185.3,161.3,
                164.2,163.5,176.4,185.6,
                175.1,168.4,187.4,185.2
])
y = np.array([
                60.5,60.2,60.4,62.1,
                75.1,75.3,78.2,75.4,
                85.8, 73.7, 81,62.2,
                64.4, 65.1, 75.1,85.3,
                78,60.4,80.8,79.7
])
# 第二步：显示二维数据
import matplotlib.pyplot as plt
plt.rcParams['font.sans-serif'] = [u'SimHei']
plt.rcParams['axes.unicode_minus'] = False
plt.scatter(X, y)
plt.xlim([150,190])
plt.ylim([45,90])
plt.xlabel(' 身高 /cm')
plt.ylabel(' 体重 /kg')
plt.show()
```

代码 3-5 将二维数据进行了可视化，便于对数据的观察。在图 3-6 中，数据分在三个簇中，因此可以看出 K 值取 3 最好，但是在实际的应用中，高维的数据不方便进行可视化。接下来将介绍如何通过肘部法则和轮廓系数法来确定 K 的取值。

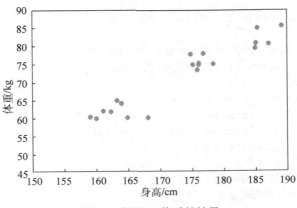

图 3-6 调整 K 值后的结果

步骤2 认识肘部法则

畸变程度是指簇中心与簇内成员位置距离的平方和，对于一个簇而言，畸变程度越低，表明簇内成员越紧密；畸变程度越高，表明簇内结构越松散。对于有一定区分度的数据，在达到某个临界点时，畸变程度会得到极大改善，之后缓慢下降，这个临界点就可以考虑为局类性能较好的点，基于这个指标重复训练多个 K-Means 模型。该方法适用于 K 值相对较小的情况。肘部法则确定 K 值的程序如代码 3-6。

【代码 3-6】

```
# 第一步：装载数据
import numpy as np
x = np.array([
              159.3,160.3,165.2,162.5,
              175.4,178.6,177.1,176.4,
              189.4,176.2,185.3,161.3,
              164.2,163.5,176.4,185.6,
              175.1,168.4,187.4,185.2
])
y = np.array([
              60.5,60.2,60.4,62.1,
              75.1,75.3,78.2,75.4,
              85.8, 73.7, 81,62.2,
              64.4, 65.1, 75.1,85.3,
              78,60.4,80.8,79.7
])
X = np.array(list(zip(x, y))).reshape(len(x), 2)
K = range(1, 10)
meandistortions = []
# 第二步：肘部法则
from sklearn.cluster import KMeans
from scipy.spatial.distance import cdist
for k in K:
    kmeans = KMeans(n_clusters = k)
    kmeans.fit(X)
    meandistortions.append(sum(np.min(cdist(X, kmeans.cluster_centers_,
'euclidean'), axis = 1))/X.shape[0])
# 第三步：输出结果
import matplotlib.pyplot as plt
plt.rcParams['font.sans-serif'] = [u'SimHei']
plt.rcParams['axes.unicode_minus'] = False
plt.plot(K, meandistortions, 'bx-')
plt.xlabel('K')
plt.ylabel(' 平均离差 ')
plt.title(' 用肘部法则选取 K 值 ')
plt.show()
```

输出结果如图 3-7 所示。

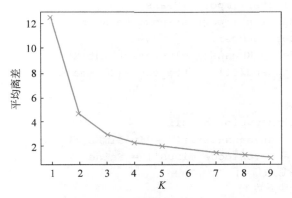

图 3-7 用肘部法则选取 K 值产生的结果

代码 3-6 通过肘部法则来确定 K 的值。从图 3-7 可以看出，肘处的 K 值 3 为最佳值。

步骤 3 认识轮廓系数法

轮廓系数是对聚类紧密程度和稀疏程度的衡量。当簇内部很紧密且簇间距离很远时，轮廓系数很大；反之，轮廓系数则很小。轮廓系数的值在 $-1 \sim 1$，该值越接近于 1，簇越紧凑，聚类越好。接下来通过代码 3-7 来实现轮廓系数法，绘制轮廓系数与簇数量 K 的关系图。

【代码 3-7】

```
# 第一步：装载数据
import numpy as np
x = np.array([
            159.3,160.3,165.2,162.5,
            175.4,178.6,177.1,176.4,
            189.4,176.2,185.3,161.3,
            164.2,163.5,176.4,185.6,
            175.1,168.4,187.4,185.2
])
y = np.array([
            60.5,60.2,60.4,62.1,
            75.1,75.3,78.2,75.4,
            85.8,73.7,81,62.2,64.4,
            65.1,75.1,85.3,78,
            60.4,80.8,79.7
])
sc_scores = []
X = np.array(list(zip(x, y))).reshape(len(x), 2)
#第二步：轮廓系数法
```

```
clusters_number = [2,3,4,6,7,8]
from sklearn.cluster import KMeans
from sklearn.metrics import silhouette_score
for t in clusters_number:
    kmeans_model = KMeans(n_clusters=t).fit(X)
    sc_scores.append(silhouette_score(X, kmeans_model.labels_, metric=
'euclidean'))
# 第三步：输出结果
import matplotlib.pyplot as plt
plt.rcParams['font.sans-serif'] = [u'SimHei']
plt.rcParams['axes.unicode_minus'] = False
plt.xlabel('K- 簇数量 ')
plt.ylabel(' 轮廓系数 ')
plt.plot(clusters_number, sc_scores, 'o-')
```

输出结果如图 3-8 所示。

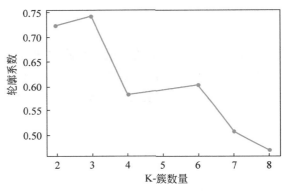

图 3-8　轮廓系数法产生的结果

从图 3-8 可以看出，K=3 时轮廓系数最大，比较合适。

从上述两种方法的输出结果可以看出，K 值选取 3 是合适的。

任务 3-3　使用 K-Means 算法实现图像压缩

■ **任务描述**

使用 K-Means 算法进行图像压缩。

■ **任务目标**

熟练掌握使用 K-Means 算法对图像进行压缩的原理。

 任务实施

　　图像压缩是数据压缩的一种应用，它用很少的比特对原始图像进行编码。图像压缩的目的是减少图像的冗余，并以有效的形式存储或传输数据。

什么是数据压缩

　　从本质上来讲，图像压缩是将图像文件的某些部分删除或组合在一起以减小其大小。例如，图像压缩用于网站优化。带有未压缩图像的网页可能需要更长的时间来加载，上传未压缩的图像也需要花费更长的时间；有些电子邮件服务器限制文件的大小，以减少对硬盘驱动器的存储影响。

　　通过 K-Means 算法压缩图像的原理是将图像中相近的颜色进行合并，并使用中心像素来代替这个类的像素，这样便可以压缩灰度级，以达到图像压缩的目的。

　　本任务使用的图片是 Sklearn 库自带的图像，文件名为 china.jpg，如图 3-9 所示。其分辨率为（427，640，3），原始图像的灰度级为 256。接下来我们通过 K-Means 算法来合并相近的灰度级以达到压缩图片的目标，如代码 3-8 所示。

图 3-9　原始图像

【代码 3-8】

```
# 第一步：读取并显示图片
from sklearn.datasets import load_sample_image
img1 = load_sample_image("china.jpg")
import numpy as np
img1 = np.array(img1, dtype = np.float64) / 255
import matplotlib.pyplot as plt
plt.rcParams['font.sans-serif'] = [u'SimHei']
plt.rcParams['axes.unicode_minus'] = False
plt.imshow(img1)
plt.show()
m, n, p = img1.shape;
X = img1.reshape(-1,p)
print(img1.shape,X.shape)
```

```
# 第二步：进行灰度级聚类
from sklearn.cluster import KMeans
colors = 20
KM = KMeans(colors)
labels = KM.fit_predict(X)
color = KM.cluster_centers_
# 第三步：进行灰度级替换
def recreate_img1(codebook, labels, m, n, p):
    img1 = np.zeros((m, n, p))
    label_idx = 0
    for i in range(m):
        for j in range(n):
            img1[i][j] = codebook[labels[label_idx]]
            label_idx += 1
    return img1
# 第四步：重构图片
img2 = recreate_img1(KM.cluster_centers_, labels, m, n, p)
plt.imshow(img2)
plt.show()
```

灰度级聚类前后的图片如图 3-10 和图 3-11 所示。

图 3-10　灰度级为 128　　　　　　　　图 3-11　灰度级为 16

图 3-10 和图 3-11 分别是灰度级为 128 和 16 的图像，可以看出随着灰度级的降低，图像的质量随之变差，如图中天空的区域。

◆ 项目小结 ◆

在项目中，我们讨论了一个无监督学习算法——聚类算法，着重学习了 K-Means 聚类算法，包括它的原理、实现及应用案例。K-Means 算法在没有监督的情况会从经验中学习，性能可以通过一定的指标衡量。该算法的原理相对简单，可解释性好，收敛速度快，调参也只需要改变 K 值。初始值的确定对于 K-Means 算法的结果影响较大，可能每次聚类的结果并不完全一致，只是局部最优而不是全局最优，尤其是在两个簇距离过近时，影响较大。

◆ 练　习　题 ◆

一、选择题

1. K-Means 算法属于（　　　）类的算法。

  A. 监督学习   B. 无监督学习   C. 强化学习   D. 主动学习

2. 常见的 K-Means 距离度量函数是（　　　）。

  A. 曼哈顿距离 B. 欧氏距离   C. 余弦距离   D. 海明距离

3. （　　　）可以用来确定 K-Means 中的 K 值。

  A. 肘部法则   B. 轮廓系数法 C. 随机梯度下降法 D. 归一化法

二、简答题

1. 简述 K-Means 算法原理及流程。

2. 简述 K-Means 算法中 K 值确定的方法及原理。

3. 使用 make_blobs 随机生成 5 个簇，并使用 K-Means 对以上数据进行聚类，改变 K 值，观察 K 值对聚类结果的影响。

项目4

基于 KNN 算法的应用实践

项目导读

　　K 近邻（K-Nearest Neighbors，KNN）是一种既可用于回归又可用于分类任务的有监督机器学习算法。在处理分类任务时，KNN 算法通过检查目标数据点周围 K 个数据点的标签，对数据点所属的类别进行预测。KNN 是一种概念上简单但作用非常强大的算法，它是目前流行的机器学习算法之一。

学习目标

➢ 掌握 KNN 算法的基本原理。
➢ 掌握 KNN 算法在分类中的使用方法。
➢ 掌握 KNN 算法在回归中的使用方法。
➢ 了解交叉验证方法的作用与使用方法。

知识导图

基于KNN算法的应用实践
- 使用KNN算法实现鸢尾花分类
  - 了解KNN算法的步骤
    - 计算距离
  - 实现鸢尾花分类
- 使用KNN回归算法预测鞋码
  - 了解数据集
  - 删减训练数据
  - 更改 K 的数值
- 使用KNN算法实现乳腺癌预测

任务 4-1　使用 KNN 算法实现鸢尾花分类

■ 任务描述

学习 KNN 算法的基本步骤，使用 KNN 算法处理鸢尾花分类问题。

■ 任务目标

了解 KNN 算法的原理及实现步骤，熟练使用 Sklearn 中 KNN 算法对鸢尾花进行分类。

知识准备

1. KNN 算法简介

KNN 的思想简单，易于理解，它的工作机制如下。首先，在图上描绘一堆数据点，沿着图以小集群形式展开，如图 4-1 所示。KNN 检查数据点的分布，并根据提供给模型的参数将数据点分组。然后为这些组分配一个标签。KNN 模型做出的主要假设是，让彼此靠近的数据点/实例高度相似，如果一个数据点远离另一组，则它与另一组的数据点类型不同。

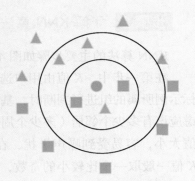

图 4-1　数据分布

2. KNN 算法的优缺点

1）优点

（1）可用于回归和分类任务。

（2）准确度高且易于使用，易解释。

（3）不对数据做任何假设。这意味着它可以用于解决各种各样的问题。

2）缺点

（1）存储大部分或全部数据，需要占用大量内存空间且计算成本高。大型数据集可能导致预测需要很长时间。

（2）对数据集的规模非常敏感。

任务实施

本任务将介绍 KNN 算法的距离计算、算法实现的步骤，并将 KNN 算法用于鸢尾花数据的分类案例中。

步骤 1 计算距离

KNN 算法使用两点之间的距离来计算相似度。点与点之间的距离越大，它们就越不相似。计算点之间的距离有多种方法，如欧几里得距离、曼哈顿距离和马氏距离等。

KNN.py

欧几里得距离计算方法如下：

$$\mathrm{Dis}(X, Y) = \sqrt{\sum_{i=1}^{n}(x_i - y_i)^2} \tag{4-1}$$

曼哈顿距离计算方法如下：

$$\mathrm{Dis}(X, Y) = \sum_{i=1}^{n}|x_i - y_i| \tag{4-2}$$

其中，最常见的距离度量是欧几里得距离（直线上两点之间的距离）。

步骤 2 了解 KNN 算法的步骤

KNN 算法的主要步骤如图 4-2 所示。

在第一步中，K 值由用户选择，算法在对目标示例所属的组进行判断时，基于给定的 K 值考虑应该有多少个邻居（多少个周围的数据点）。K 值太小，容易受到噪声干扰，在实际的使用中，K 值一般取一个比较小的奇数，如采用交叉验证法来选择最优的 K 值。

在第二步中，计算目标示例与数据集中每个示例之间的距离。

在第三步中，将距离添加到列表中并进行排序。

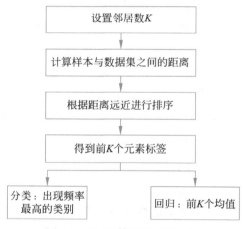

图 4-2　KNN 算法的主要步骤

在第四步中，检查排序列表并返回前 K 个元素的标签。换言之，如果 K 值设置为 5，模型会检查与目标数据点最接近的前 5 个数据点的标签。

在最后一步中，对于回归任务，使用前 K 个标签的均值；在分类的情况下，则使用前 K 个标签的众数。

步骤 3 实现鸢尾花分类

本任务使用了 Iris 数据集。该数据集一共包含了 150 个样本，维度为 150×5，其中，前四列为每个样本包含的 4 个特征，分别是花萼长度、花萼宽度、花瓣长度和花瓣宽度，第五列为花卉的类别信息，共 3 个类别，分别为 Setosa（狗尾草鸢尾）、Versicolour（杂色鸢尾）、Virginica（弗吉尼亚鸢尾）。表 4-1 给出了一些样本数据。

表 4-1　鸢尾花数据集（部分）

花萼长度 /cm	花萼宽度 /cm	花瓣长度 /cm	花瓣宽度 /cm	类　别
5.1	3.5	1.4	0.2	Setosa
4.9	3.0	1.4	0.2	Setosa
4.7	3.2	1.3	0.2	Setosa
4.6	3.1	1.5	0.2	Setosa
5.0	3.6	1.4	0.2	Setosa
5.4	3.9	1.7	0.4	Setosa

鸢尾花分类的过程：首先，需要引入相关的库文件；其次，读取数据，通过对数据集进行划分而得到测试集和训练集；再次，使用训练集训练 KNN，得到训练好的模型；最后，使用测试集来测试所训练好的模型。具体流程如图 4-3 所示。

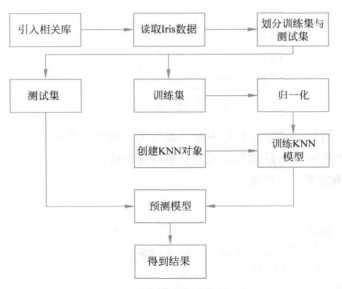

图 4-3　算法实现流程

通过可视化效果可以观察一下鸢尾花数据。因为该数据特征有 4 个维度，所以需要通过 PCA 提取两个主要特征来显示。显示数据的代码如下。

【代码 4-1】

```
# 第一步：装载数据
from sklearn.datasets import load_iris
data = load_iris()
X = data.data
```

```
y = data.target
# 第二步：PCA 降维
from sklearn.decomposition import PCA
PCA_X = PCA(n_components = 2)
reduced_X = PCA_X.fit_transform(X)
# 第三步：对降维后的数据进行二维可视化
import matplotlib.pyplot as plt
plt.scatter(reduced_X[y==0,0], reduced_X[y==0,1], color='r', marker='D')
plt.scatter(reduced_X[y==1,0], reduced_X[y==1,1], color='g', marker='+')
plt.scatter(reduced_X[y==2,0], reduced_X[y==2,1], color='b', marker='x')
plt.show()
```

上述代码输出结果如图 4-4 所示。

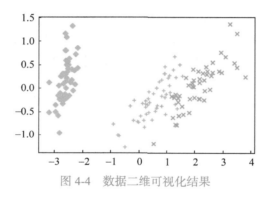

图 4-4　数据二维可视化结果

从图 4-4 可以看出，鸢尾花数据中有一类与另外两类界线很明确，另外两类有部分数据相对接近，这些相对接近的数据点可能会造成分类错误。

鸢尾花分类所需要的代码如下。

【代码 4-2】

```
# 第一步：装载数据
from sklearn.datasets import load_iris
load_data = load_iris()
X = load_data.data
y = load_data.target
print(X[:10])
# 第二步：数据集划分并归一化
from sklearn.model_selection import train_test_split
X_train, X_test, y_train, y_test = train_test_split(X, y, test_size = 0.25)
from sklearn.preprocessing import StandardScaler
std = StandardScaler()
X_train = std.fit_transform(X_train)
X_test = std.transform(X_test)
```

```
# 第三步：KNN 训练并预测
from sklearn.neighbors import KNeighborsClassifier
knn = KNeighborsClassifier()
knn.fit(X_train, y_train)
result = knn.predict(X_test)
# 第四步：输出结果
r_result = knn.score(X_test, y_test)
print(" 训练的结果为：", result)
print(" 正确的结果为：", y_test)
print(" 识别成功率为：", r_result)
```

输出结果如下。

```
[[5.1 3.5 1.4 0.2]
 [4.9 3.  1.4 0.2]
 [4.7 3.2 1.3 0.2]
 [4.6 3.1 1.5 0.2]
 [5.  3.6 1.4 0.2]
 [5.4 3.9 1.7 0.4]
 [4.6 3.4 1.4 0.3]
 [5.  3.4 1.5 0.2]
 [4.4 2.9 1.4 0.2]
 [4.9 3.1 1.5 0.1]]
训练的结果为：
[0 1 0 0 0 2 1 2 2 2 1 2 1 2 1 0 0 2 0 1 1 2 2 2 1 2 1 1 1 1 0 2 0 2 2 2 1 2 1]
正确的结果为：
[0 1 0 0 0 2 2 2 2 2 1 2 1 2 1 0 0 2 0 1 1 2 2 2 1 2 1 1 1 1 0 2 0 2 2 2 1 2 1]
识别成功率为：0.9736842105263158
```

代码 4-2 实现了 Iris 数据集的划分，其中，KNeighborsClassifier 函数可以不设置参数，并通过数据对 KNN 算法进行训练，最后使用测试集对模型进行了测试。

在机器学习的最后一步中，需要将训练好的模型部署到实际的应用中，为了模拟这个过程，接下来手动输入一个鸢尾花数据，使用已训练好的模型来预测它属于哪一个种类。

```
# 预测花萼长 5cm、宽 3cm，花瓣长 1cm、宽 0.5cm 的鸢尾花品种
X_new = np.array([[5,3,1,0.5]])
prediction = knn.predict(X_new)
print("这个鸢尾花的品种为：{}".format(load_data ['target_names'][prediction]))
```

输出结果如下。

```
这个鸢尾花的品种为：['Virginica']
```

任务 4-2　使用 KNN 回归算法预测鞋码

■ **任务描述**

使用 KNN 回归算法完成鞋码的预测。

■ **任务目标**

掌握 KNN 回归算法的基本步骤并使用 KNN 回归算法来进行鞋码的预测。

任务实施

此任务将介绍如何使用 KNN 回归算法处理回归任务，使用鞋码数据训练 KNN 算法，并使用 KNN 算法来进行预测鞋码，通过更改 K 值观察 K 值对结果的影响。

步骤 1　了解数据集

表 4-2 为训练集，包含了 10 名同学的身高、体重、性别和鞋号，其中，男、女同学分别为 5 名。表 4-3 为测试集，包含了两名同学的身高、体重和性别信息。通过使用 KNN 模型回归来预测表 4-3 中两名同学的鞋号（注：本任务的数据集中男性用"1"表示，女性用"0"表示）。

表 4-2　预测鞋码的训练集

身高 /cm	体重 /kg	性别	鞋号 / 码
182	80	1	44
177	70	1	43
160	59	0	38
154	54	0	37
165	65	1	40
192	90	1	47
174	64	0	39
176	70	0	40
158	54	0	37
172	76	1	42

表 4-3 预测鞋码的测试集

身高 /cm	体重 /kg	性别
174	59	0
174	70	1

【代码 4-3】

```
# 第一步：装载数据
import numpy as np
X = np.array([
            [182, 80, 1],
            [177, 70, 1],
            [160, 59, 0],
            [154, 54, 0],
            [165, 65, 1],
            [192, 90, 1],
            [174, 64, 0],
            [176, 70, 0],
            [158, 54, 0],
            [172, 76, 1]
])
y = [44, 43, 38, 37, 40, 47, 39, 40, 37, 42]
K = 5
# 第二步：KNN 训练
from sklearn.neighbors import KNeighborsRegressor
knn = KNeighborsRegressor(K)
knn.fit(X,y)
# 第三步：数据预测
X_test = np.array([
                [174, 59, 0],
                [174, 75, 1]
])
predictions = knn.predict(X_test)
print(" 预测的鞋号为: ", predictions)
```

输出结果如下。

```
预测的鞋号为: [40.   41.6]
```

步骤 2 删减训练数据

为了验证数据集大小对 KNN 结果的影响，对数据集进行删减，删减后的训练集如表 4-4 所示，包含 5 名男同学和 2 名女同学的信息。

表 4-4　预测鞋码删减后的数据集

身高 /cm	体重 /kg	性别	鞋号 / 码
182	80	1	44
177	70	1	43
160	59	0	38
154	54	0	37
165	65	1	40
192	90	1	47
172	76	1	42

代码 4-3 中应修改如下部分。

```
X = np.array([
            [182, 80, 1],
            [177, 70, 1],
            [160, 59, 0],
            [154, 54, 0],
            [165, 65, 1],
            [192, 90, 1],
            [172, 76, 1]
])
y = [44, 43, 38, 37, 40, 47, 42]
```

修改好代码后，接着再对两名同学的鞋号进行预测，得到如下结果，可以发现预测的鞋码发生了变化。

预测的鞋号为：[40. 41.4]

步骤 3　更改 K 的数值

将 K 值更改为 1，相应的程序修改如下。

```
K = 1
```

修改好代码后，接着再对两名同学的鞋号进行预测，得到如下结果。

预测的鞋号为：[39. 42.]

将 K 值更改为 2，相应的代码修改如下。

```
K = 2
```

修改好代码后，接着再对两名同学的鞋号进行预测，得到如下结果。

预测的鞋号为：[39.5 41.]

将 K 值更改为 3，相应的代码修改如下。

```
K = 3
```

修改好代码后，接着再对两名同学的鞋号进行预测，得到如下结果。

```
预测的鞋号为：[39.66　41. 66]
```

将 K 值更改为 4，相应的代码修改如下。

```
K = 4
```

修改好代码后，接着再对两位同学的鞋号进行预测，得到如下结果。

```
预测的鞋号为：[40.5　42. 25]
```

可以看出 K 值会直接影响结果，结果对 K 的取值也较为敏感。

任务 4-3　使用 KNN 算法实现乳腺癌预测

■ 任务描述

在 KNN 算法的基础上使用交叉验证方法来解决乳腺癌预测问题。

■ 任务目标

熟练掌握 KNN 算法交叉验证的基本原理、作用并使用交叉验证方法选择合适的 K 值。

知识准备

近年来，人工智能技术已成功应用到医疗领域。研究者通过人工智能技术对患者的医疗生理数据进行分析并建立模型，从而判断就诊者是否患病。这个判断过程可以充分利用历史数据，并对其进行分析，推理得到有用的知识，还可以学习到专家的实际经验，为诊断结果提供更可靠的保证。

医学数据不同于场景的视觉检测数据（如车辆检测），在实际应用中经常没有足够的数据来执行适当的训练任务。在此条件下，最好的办法是为测试集留出一些数据并进行 K 折交叉验证。KNN 算法交叉验证的步骤如图 4-5 所示。

在 K 折交叉验证中，选择 K 个不同的数据子集作为验证集，并在剩余数据上训练 K 个模型，之后评估模型的性能并平均它们的结果。

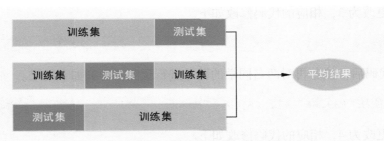

图 4-5　KNN 算法交叉验证示意图

K 折交叉验证保证了模型的分数不依赖于选择训练值和测试集的方式。将数据集划分为 K 个子集，并且保持方法重复 K 次。具体步骤如下。

（1）将整个数据集随机分成 K 个子集（折叠）。

（2）选择一个子集作为测试集，其余 $K-1$ 个子集为训练集，在训练集上训练后得到一个模型，然后用测试集测试这个模型，保存模型的性能评估指标。

（3）重复第（2）步 $K-1$ 次，直到每个子集都用作测试集。

（4）求 K 个评估指标的平均值即交叉验证准确率，并将其作为模型的性能指标。

因为 K 折交叉验证确保来自原始数据集的每个数据都有机会出现在训练集和测试集中，所以与其他方法相比，这种方法得到的模型通常偏差较小。如果数据量有限，K 折交叉验证是提高模型范化能力最好的办法之一。

K 折交叉验证的缺点是训练算法必须从头开始运行 K 次，这意味着评估需要 K 倍的计算量。

 任务实施

对癌细胞数据进行分析。使用的癌细胞数据的维度是 569×30，部分信息如表 4-5 所示，每一行的数据对应一位患者的乳腺癌细胞的特征，共有 30 个特征。其中，每一位患者都对应一个结果，是否患有乳腺癌的结果存放于 target 中。

表 4-5　癌细胞数据集

#1 特征	#2 特征	#3 特征	⋯	#28 特征	# 特征 29	#30 特征
1.799e+01	1.038e+01	1.228e+02	⋯	2.654e−01	4.601e−01	1.189e−01
2.057e+01	1.777e+01	1.329e+02	⋯	1.860e−01	2.750e−01	8.902e−02
1.969e+01	2.125e+01	1.300e+02	⋯	2.430e−01	3.613e−01	8.758e−02
⋯	⋯	⋯	⋯	⋯	⋯	⋯
1.660e+01	2.808e+01	1.083e+02	⋯	1.418e−01	2.218e−01	7.820e−02
2.060e+01	2.933e+01	1.401e+02	⋯	2.650e−01	4.087e−01	1.240e−01
7.760e+00	2.454e+01	4.792e+01	⋯	0.000e+00	2.871e−01	7.039e−02

【代码 4-4】

```
# 第一步：装载数据
from sklearn import datasets
breast_cancer = datasets.load_breast_cancer()
X = breast_cancer.data
y = breast_cancer.target
# 第二部：数据集划分
from sklearn.model_selection import train_test_split,cross_val_score
train_X,test_X,train_y,test_y = train_test_split(X,y,test_size=1/3,random_state=3)
# 第三步：选择模型进行 K 折交叉验证
k_range = [1,3,5,7,9,11,13,15,17,19,21,23,25,27,29]
cv_scores = []
from sklearn.neighbors import KNeighborsClassifier
for n in k_range:
    knn = KNeighborsClassifier(n)
    scores = cross_val_score(knn,train_X,train_y,cv=10,scoring='accuracy')
    cv_scores.append(scores.mean())
    print("当前的准确率为 :%.2f" % scores.mean(),"当前 K 的取值为 :%d" %n)
# 第四步：结果显示
import matplotlib.pyplot as plt
plt.plot(k_range,cv_scores)
plt.xlabel('K')
plt.ylabel('准确率 ')
plt.show()
```

输出结果如下。

```
当前的准确率为 :0.92 当前 K 的取值为 :1
当前的准确率为 :0.93 当前 K 的取值为 :3
当前的准确率为 :0.92 当前 K 的取值为 :5
当前的准确率为 :0.91 当前 K 的取值为 :7
当前的准确率为 :0.92 当前 K 的取值为 :9
当前的准确率为 :0.92 当前 K 的取值为 :11
当前的准确率为 :0.92 当前 K 的取值为 :13
当前的准确率为 :0.92 当前 K 的取值为 :15
当前的准确率为 :0.92 当前 K 的取值为 :17
当前的准确率为 :0.92 当前 K 的取值为 :19
当前的准确率为 :0.92 当前 K 的取值为 :21
当前的准确率为 :0.92 当前 K 的取值为 :23
当前的准确率为 :0.91 当前 K 的取值为 :25
当前的准确率为 :0.92 当前 K 的取值为 :27
当前的准确率为 :0.92 当前 K 的取值为 :29
```

绘制的准确率与 K 值的关系如图 4-6 所示。

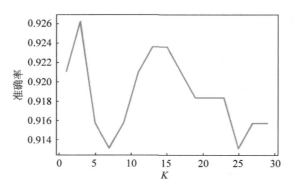

图 4-6 不同 K 值的验证结果

代码 4-4 通过 KNN 算法实现了乳腺癌预测，其中使用 K 折交叉验证对结果进行了评估。从实验结果和图 4-6 中可以看出，K 为 3 的时候准确率最高，最高值为 0.93。由此可见，通过交叉验证可以为模型选择最好的参数，提高检测效果。

◆ 项 目 小 结 ◆

本任务讲述了一个有监督的机器学习算法 KNN，包括了算法原理、实施步骤及其应用案例。KNN 中的 K 一般取奇数，该算法简单易于理解，不但可以用于分类任务还可以用于回归任务。除此之外，还介绍了 K 折交叉验证的原理及其在机器学习中的重要性，K 折交叉验证可以在数据量不多的情况下显著提高模型的效果。

◆ 练 习 题 ◆

一、选择题

1. KNN 算法属于（　　　）算法。

    A. 监督学习   B. 无监督学习

    C. 强化学习   D. 主动学习

2. KNN 算法中常见的距离度量函数是（　　　）。

    A. 曼哈顿距离   B. 欧氏距离

    C. 余弦距离   D. 海明距离

3. KNN 算法可以处理的（　　　）机器学习问题是（　　　）。

    A. 聚类   B. 分类

    C. 回归   D. 分类和回归

4. 在 K 折交叉验证中，以下对 K 的描述正确的是（　　　）。

　　A. K 越大，验证效果不一定越好，过大会加大评估时间

　　B. 选择更大的 K，就会有更小的偏差

　　C. 在选择 K 时，考虑最小化数据集之间的方差

　　D. 全部正确

二、简答题

1. 简述 KNN 算法的工作原理。

2. 简述 KNN 算法在处理分类和回归问题时的流程。

3. 简述 K 折交叉验证的原理及应用场景。

项目5

基于线性回归算法的应用实践

 项目导读

　　线性回归算法是一种用于预测两个或多个不同变量之间关系的回归分析算法。在线性回归任务中，要检查两种变量：因变量和自变量。自变量是独立的变量，不受其他变量的影响。随着自变量的调整，因变量会发生波动。

学习目标

➤ 熟练掌握一元线性回归的原理、特点。
➤ 熟练掌握多元线性回归的原理、存在的意义，以及如何进行数据预测。
➤ 熟练掌握多项式扩展的原理、作用与使用方法。

知识导图

基于线性回归算法的应用实践
- 使用一元线性回归算法实现直线拟合
  - 一元线性回归
  - 成本函数
  - 认识线性回归的计算步骤
  - 使用一元线性回归拟合直线的方法
- 使用多元线性回归算法实现波士顿房价预测
- 使用多项式扩展实现曲线预测

任务 5-1　使用一元线性回归算法实现直线拟合

■ **任务描述**

学习线性回归的基本步骤、使用一元线性回归拟合直线。

■ **任务目标**

掌握使用一元线性回归拟合直线的基本步骤。

知识准备

1. 一元线性回归

一元线性回归方程如式（5-1）所示。

$$y(x) = a + bx \tag{5-1}$$

式中，y 为因变量；x 为自变量；a 和 b 是模型的参数。

一元线性回归是确定 y 和 x 之间的线性函数，该函数描述两个变量之间的关系。目标变量 y 和输入变量 x 之间的关系可以通过在图上绘制坐标点并画一条直线来描绘，使坐标点均匀分布在直线两侧，这条直线能描述 y 和 x 之间的线性关系。在训练过程中要调整模型的参数，以获得最佳拟合直线。

2. 成本函数

成本函数用于衡量在给定特定权重值时，假设的 y 值与实际 y 值的接近程度。线性回归的成本函数是均方误差，是指所有不同数据点的预测值和真实值之间的平均（平方）误差，如式（5-2）所示。成本函数用于计算成本，该成本捕获预测目标值与真实目标值之间的差异。如果拟合线远离数据点，则成本会更高。训练的目的是调整模型的权重，直到找到最小误差的参数。

$$
\begin{aligned}
L(\theta) &= (y(x_1) - y_1)^2 + (y(x_2) - y_2)^2 + \cdots + (y(x_n) - y_n)^2 \\
&= \sum_{i=1}^{n} (y(x_i) - y_i)^2
\end{aligned} \tag{5-2}
$$

任务实施

本任务将会介绍一元线性回归的定义，线性回归的步骤，以及如何使用一元线性回归来拟合直线。

步骤 1 认识线性回归的计算步骤

线性回归的步骤如图 5-1 所示。

线性回归 .py

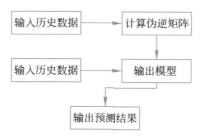

图 5-1　线性回归的步骤

步骤 2 使用一元线性回归拟合直线

表 5-1 给出了 11 个点的散点坐标，其中 X 为横坐标，Y 为纵坐标。

表 5-1　散点坐标数据

X	1	2	5	6	7	8	9	14	15	16	24
Y	1	2	3	2.5	3	4.9	6.5	8.7	9.5	11	18

可视化后的散点图如图 5-2 所示，现在需要对这些散点进行线性拟合，先将这些散点分为两类：圆形的点为训练数据，三角形的点为测试数据。

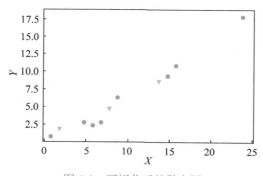

图 5-2　可视化后的散点图

接下来通过一元线性回归来拟合直线。具体代码如下。

【代码 5-1】

```
# 第一步：装载数据
import numpy as np
X = np.array([
             [1], [2], [5], [6], [7], [8], [9],[14], [15], [16], [24]
])
y = [1,2,3,2.5,3,4.9,6.5,8.7,9.5,11,18]
```

```
# 第二步：划分数据集
from sklearn.model_selection import train_test_split
X_train, X_test, y_train, y_test = train_test_split(X, y, test_size=0.25,
random_state=10010)
# 第三步：显示数据点
import matplotlib.pyplot as plt
plt.rcParams['font.sans-serif'] = [u'SimHei']
plt.rcParams['axes.unicode_minus'] = False
plt.scatter(X_train,y_train,label='train',color='b')
plt.scatter(X_test,y_test,label='test',color='r',marker='v')
plt.xlabel('X')
plt.ylabel('y')
plt.show()
# 第四步：模型训练
from sklearn.linear_model import LinearRegression
LR=LinearRegression()
LR.fit(x_train, y_train)
# 第五步：显示训练点与拟合直线
plt.scatter(X_train,y_train,color='b',label=' 测试数据 ')
y_train_pred=LR.predict(X_train)
plt.plot(X_train,y_train_pred,color='green',label=' 拟合直线 ')
plt.xlabel('X')
plt.ylabel('y')
plt.legend()
plt.show()
# 第六步：输出参数
a=LR.intercept_
b=LR.coef_
print(' 拟合直线参数：a=',a,', b=',b)
```

使用线性回归拟合直线的结果如图 5-3 所示。

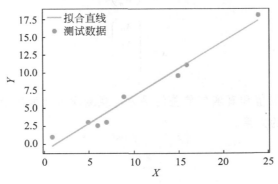

图 5-3 使用线性回归拟合直线的结果

拟合直线参数输出结果如下。

```
拟合直线参数：a= -1.0932968095391553, b= [0.76200451]
```

代码 5-1 使用一元线性回归对二维数据点进行拟合，用到了线性回归（LinearRegression）函数。从一元线性回归拟合直线的结果可以看出，拟合的直线距离每个点的距离相对平衡。

任务 5-2 使用多元线性回归算法实现波士顿房价预测

■ **任务描述**

学习建立回归公式，使用多元线性回归来解决波士顿房价预测问题。

■ **任务目标**

理解使用多元线性回归方法的意义，并会使用 Sklearn 库中的多元线性回归方法进行数据预测。

知识准备

回归也可以用多个特征来完成，多元线性回归方程是在一元线性回归基础上加上各种特征的权重和输入。如果将权重和特征的总数表示为 $w_n x_n$，那么多元线性回归公式如下。

$$y(x) = w_0 + w_1 x_1 + w_2 x_2 + \cdots + w_n x_n = w^\mathrm{T} x \tag{5-3}$$

式中，w，x 为矩阵。

均方误差的原理

$$w = \begin{pmatrix} w_0 \\ w_1 \\ \vdots \\ w_n \end{pmatrix} \tag{5-4}$$

$$x = \begin{pmatrix} x_0 \\ x_1 \\ \vdots \\ x_n \end{pmatrix} \tag{5-5}$$

均方误差是预测值和真实值偏差的平方与观测次数 n 的比值，可用于评价机器学习处理回归问题的效果。

任务实施

波士顿房价数据集同样也是 Sklearn 库中的数据集，可以通过命令进行装载。此数据集一共有 506 条数据，每条数据有 13 个输入变量和 1 个输出变量，数据详情如表 5-2、

表 5-3 所示。

表 5-2 特征名与特征意义

序号	特征名	特 征 意 义
1	CRIM	城镇人均犯罪率
2	ZN	占地面积超过 25000 平方英尺的住宅用地占用比例
3	INDUS	每个城市非零售业务的比例
4	CHAS	查理斯河是否流过该城市（如果流过，则为 1；否则为 0）
5	NOX	一氧化氮浓度
6	RM	每栋住宅的平均房间数量
7	AGE	1940 年以前建成的自主单位的比例
8	DIS	波士顿 5 个到就业中心的加权距离
9	RAD	距离高速公路的便利指数
10	TAX	每 10 000 美元的全额物业税率
11	PRTATIO	城镇中教师和学生的比例
12	B	反映城镇中黑人比例 BK 的指标，$B = 1000 \times (BK - 0.63)^2$
13	LSTAT	低收入阶层的房东百分比
14	Price	自有住房的中位数报价

表 5-3 房价数据集主要数据

序号	CRIM /%	ZN /%	INDUS /%	CHAS	NOX /千万份	RM /个	AGE /%	DIS /km	RAD	TAX /%	PRTATIO /%	B	LSTAT /%	Price/ 1000 美元
0	0.00632	18.0	2.31	0.0	0.538	6.575	65.2	4.09	1.0	296	15.3	396.90	4.98	24.0
1	0.02731	0.0	7.07	0.0	0.469	6.421	78.9	4.96	2.0	242	17.8	396.90	9.14	21.6
2	0.02729	0.0	7.07	0.0	0.469	7.185	61.1	4.96	2.0	242	17.8	392.83	4.03	34.7
3	0.03237	0.0	2.18	0.0	0.458	6.998	45.8	6.06	3.0	222	18.7	394.63	2.94	33.4
4	0.06905	0.0	2.18	0.0	0.458	7.147	54.2	6.06	3.0	222	18.7	396.90	5.33	36.2

【代码 5-2】

```
# 第一步：装载数据
from sklearn import datasets
boston = datasets.load_boston()
X, y = boston.data, boston.target
# 第二步：数据集划分
from sklearn.model_selection import train_test_split
X_train, X_test, y_train, y_test = train_test_split(X, y, test_size=0.25,
random_state=1001)
# 第三步：模型选择、训练与预测
from sklearn.linear_model import LinearRegression
reg = LinearRegression()
reg.fit(X_train, y_train)
```

```
y_predict = reg.predict(X_test)
# 第四步：输出结果
from sklearn.metrics import mean_squared_error
print(mean_squared_error(y_test, y_predict))
print(reg.score(X_train, y_train))
print(reg.score(X_test, y_test))
```

结果输出如下。

```
29.824006898863182
0.7570401119326386
0.6783942923302058
```

代码 5-2 使用线性回归对多元房价数据进行了模型的训练和预测，其中 LinearRegression 同样也不用设置额外的参数就可以进行训练。

任务 5-3　使用多项式扩展实现曲线预测

■ **任务描述**

使用多项式扩展进行曲线预测。

■ **任务目标**

熟练掌握多项式扩展的作用，及在 Sklearn 中如何使用多项式扩展方法。

📋 **任务实施**

在实际的数据里，有时数据在变量之间具有非线性的关系。在非线性关系中，与自变量的一个单位偏移相关的因变量的变化，因观察空间中的位置而变化。本任务将使用多项式扩展来进行曲线的拟合，多项式扩展可以对现有数据进行转换，将数据转换到更高维度的空间中，使模型拟合性能更强。

【代码 5-3】

```
# 第一步：数据装载
import numpy as np
X = np.linspace(-10, 10, 400)
y = np.sin(X) + 0.1*np.random.rand(len(X))
X = X.reshape(-1, 1)
y = y.reshape(-1, 1)
# 第二步：多项式扩展进行模型训练
```

```
from sklearn.linear_model import LinearRegression
from sklearn.preprocessing import PolynomialFeatures
from sklearn.pipeline import Pipeline
dim = 30
def polynomial_LR(degree=1):
    polynomial_features = PolynomialFeatures(degree=degree,include_bias =
False)
    linear_regression = LinearRegression(normalize=True)
    pipeline = Pipeline([("polynomial_features", polynomial_features),
("linear_regression", linear_regression)])
    return pipeline
from sklearn.metrics import mean_squared_error
model= polynomial_LR(degree=dim)
model.fit(X, y)
# 第三步：进行预测并输出结果
train_score = model.score(X, y)
mse = mean_squared_error(y, model.predict(X))
print(train_score)
print(mse)
import matplotlib.pyplot as plt
plt.scatter(X, y)
plt.plot(X, model.predict(X), 'r-')
```

结果输出如下。

```
0.9984005657287661
0.0007646526678177416
```

多项式的维度（dim）为 30 时的拟合曲线如图 5-4 所示。

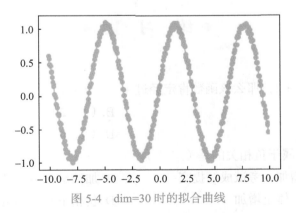

图 5-4　dim=30 时的拟合曲线

将程序中 dim 变量改为 20 得到如下结果，拟合曲线如图 5-5 所示。

```
0.9316853269947533
0.03253209253182293
```

将程序中 dim 变量改为 10 得到如下结果，拟合曲线如图 5-6 所示。

```
0.05672984808633452
0.45130435551452847
```

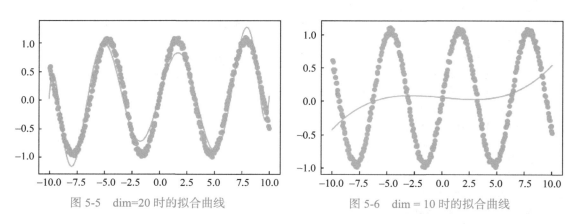

图 5-5　dim=20 时的拟合曲线　　　　　　图 5-6　dim = 10 时的拟合曲线

通过更改参数 dim 的值，我们发现 dim 的值越大误差越小，拟合能力越强。

◆ 项 目 小 结 ◆

本项目介绍了线性回归的基本原理，通过线性回归来实现多种预测分类问题。线性回归包括一元线性回归、多元线性回归和多项式扩展。一元线性回归简单易于理解，但数据中经常包含多个特征，因此一元线性回归使用范围有限，多元线性回归则可以处理这种情况。多项式扩展可以使线性回归处理具有曲线关系的数据。

◆ 练 习 题 ◆

一、选择题

1. 假设函数 $y=x+2$，那么该函数肯定经过（　　　）点。

　　A.（1，3）　　　　　　　　　　　　B.（1，2）

　　C.（1，1）　　　　　　　　　　　　D.（1，0）

2. 下列情况中，属于负相关的是（　　　）。

　　A. 学习时间增加，考试成绩提高　　　B. 加油量增多，可行驶的路程增多

　　C. 吃的变多，体重增加　　　　　　　D. 价格下降，消费增强

3. 线性回归算法可以处理（　　　）。

　　A. 线性数据　　　　　　　　　　　　B. 非线性数据

　　C. 线性数据与非线性数据　　　　　　D. 以上都不对

4. 线性回归可以通过（　　　）来处理非线性数据。

    A. 多项式扩展 　　　　　　　　　B. 梯度下降

    C. 反向传播 　　　　　　　　　　D. 最小二乘法

二、简答题

1. 简述一元线性回归的原理。

2. 简述多元线性回归的原理。

项目6

基于逻辑回归算法的应用实践

 项目导读

逻辑回归是一种预测建模算法，适用于因变量 y 取值离散的情况，并且模型的输出值范围为 $0 \sim 1$。它的目标是确定一个数学方程式，用来预测事件发生的概率。一旦方程式成立，它就可以用来预测模型中因变量与自变量之间的关系。

学习目标

➤ 熟练掌握逻辑回归算法的基本原理。
➤ 掌握处理样本数据不平衡问题的方法。
➤ 理解用逻辑回归算法处理多分类问题的方法。

知识导图

基于逻辑回归算法的应用实践
- 使用逻辑回归算法检测信用卡欺诈
  - 了解逻辑回归算法的类型
  - 了解线性回归与逻辑回归的区别
  - 了解逻辑回归算法的步骤
  - 了解逻辑回归算法的特点
  - 检测信用卡欺诈
- 使用逻辑回归算法解决数据不平衡问题
  - 查看原始数据
  - 使用重新采样数据集策略
  - 使用SMOTE过采样
- 使用逻辑回归算法处理鸢尾花分类问题

任务 6-1 使用逻辑回归算法检测信用卡欺诈

■ 任务描述

本任务通过了解逻辑回归算法的基本原理和信用卡欺诈的定义，使用逻辑回归算法完成信用卡欺诈检测。

■ 任务目标

熟练使用逻辑回归算法进行信用卡欺诈检测。

知识准备

信用卡欺诈是指使用违法手段来骗取他人的财物的行为，它可以使用逻辑回归算法对其进行欺诈检测。逻辑回归算法可以将获取的预测值映射至区间（0，1）上，从而根据设定的阈值对其进行分类检测。

任务实施

本任务将介绍逻辑回归算法的类型、与线性回归算法的区别、步骤与特点，通过理解相关知识，最后将逻辑回归算法应用于信用卡欺诈检测。

步骤 1 了解逻辑回归算法的类型

逻辑回归算法包含三种类型，具体如下。

（1）二元逻辑回归：当响应为二元（即它有两种可能的结果）时使用。二元逻辑回归要求因变量只能包含两项，而且其值必须是 0 和 1。1 表示肯定的含义，如愿意、是否购买等；0 表示否定的含义，如不愿意、否和不购买等。

（2）名义逻辑回归：当存在 3 个或更多类别且级别没有自然排序时使用。名义响应的示例可能包括企业部门（如营销、销售和人力资源等），使用的搜索引擎类型（如谷歌、雅虎和百度）和颜色（如黑色、红色、蓝色和橙色）。

（3）顺序逻辑回归：当存在 3 个或更多响应类别且级别自然排序时使用，但级别的排名并不一定意味着它们之间的间隔相等。顺序响应的示例，如学生如何评价大学课程的有效性（好、中和差）、医疗健康状况（良好、稳定和严重）等。

步骤 2　了解线性回归与逻辑回归的区别

逻辑回归算法可用于回归问题，但主要用于解决分类问题。从这个算法中得到的输出值范围总是 0~1，设定阈值可以轻松地将数据分类。逻辑回归算法与线性回归算法虽然有一些共同点，且逻辑回归术语中包含回归，但是它主要用于分类。逻辑回归算法在后面加入了非线性映射函数 sigmoid，如式（6-1）所示，输出的结果范围如式（6-2）所示。

$$y = \frac{1}{1 + e^{-x}} \tag{6-1}$$

$$0 \leqslant y \leqslant 1 \tag{6-2}$$

式中，y 表示 sigmoid 函数的输出；x 表示自变量。线性回归与逻辑回归的区别如表 6-1 所示。

表 6-1　线性回归算法与逻辑回归算法的区别

线性回归算法	逻辑回归算法
需要标记良好的数据，这意味着它需要监督学习，且用于回归。因此，线性回归是一种监督回归算法	要求输入标记完整的数据，用于分类而不是回归。逻辑回归是一种监督分类算法
获得的预测值通常可以在负无穷大到正无穷大的范围内	获得的预测值只是在 0~1，允许在阈值的帮助下轻松分类
没有激活函数	需要激活函数。在这种情况下，采用的是 sigmoid 函数
没有阈值	需要阈值来确定每个实例的类别
因变量本质上必须是连续的。这意味着不能传入变量，该变量是分类的并且期望在预测中具有连续值	因变量必须是分类的。这意味着它应该有不同的类别（不超过两个）
该算法的目标是通过训练数据点找到最佳拟合线	如果对逻辑回归方程的系数进行更改，那么它的整个结果图都会改变形状
假设传入该算法的值遵循标准正态分布	假设传入该算法的值服从二项式分布
$L(\theta) = \sum_{i=1}^{n}(y(x_i) - y_i)^2$	$L(\theta) = \begin{cases} -\log(y(x)), & y=1 \\ -\log(1-y(x)), & y=0 \end{cases}$

图 6-1 和图 6-2 给出了逻辑回归算法与线性回归算法的输出值的范围，可以看出逻辑回归的范围是 $[0, 1]$，而线性回归的范围是 $(-\infty, +\infty)$。

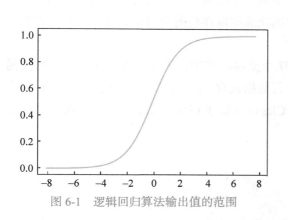

图 6-1　逻辑回归算法输出值的范围

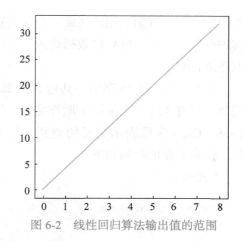

图 6-2　线性回归算法输出值的范围

步骤 3　了解逻辑回归算法的步骤

逻辑回归算法的步骤如图 6-3 所示。

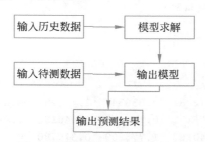

图 6-3　逻辑回归算法的基本步骤

逻辑回归 .py

步骤 4　了解逻辑回归算法的特点

逻辑回归算法的特点如表 6-2 所示。

表 6-2　逻辑回归算法的特点

优　点	缺　点
（1）模型简单容易理解，训练速度快 （2）可以处理离散与连续数据 （3）可以根据需求设定阈值 （4）可以扩展处理多分类问题	（1）当数据集较小时，误差较大 （2）不容易处理数据不平衡问题 （3）会出现多重共线性问题

步骤 5　检测信用卡欺诈

随着信用卡支付系统的广泛应用，不法分子开始通过非法手段获取他人财产。基于机器学习进行信用卡欺诈检测，能有效地揭示和防止欺诈交易。该方法通过将卡用户交易的有用特征（如日期、用户区域、产品类别、金额、供应商、客户的行为模式等）结合在一起进行欺诈检测，然后将数据送入一个已训练完成的欺诈检测模型中，并对交易是否属于欺诈进行判断。

本任务使用的数据集一共包含了 284807 个交易，其中，大部分交易都属于正常交易类型，只有 492 个交易属于欺诈类型，每一行数据包含 31 个字段，每一笔交易包含 28 个特征。Class 字段表示交易的类别，其中，Class＝0 属于正常交易，Class＝1 属于欺诈交易。读取数据的代码如下。

【代码 6-1】

```
import pandas as pd
# 导入数据集
credit_card = pd.read_csv('d:/creditcard.csv')
# 输出读取的数据
print(credit_card.shape)
# 输出 3 行数据
print(credit_card.head(3))
```

输出结果如下。

```
(284807, 31)
   Time       V1        V2        V3        V4        V5        V6        V7  \
0   0.0 -1.359807 -0.072781  2.536347  1.378155 -0.338321  0.462388  0.239599
1   0.0  1.191857  0.266151  0.166480  0.448154  0.060018 -0.082361 -0.078803
2   1.0 -1.358354 -1.340163  1.773209  0.379780 -0.503198  1.800499  0.791461

        V8        V9   ...       V21       V22       V23       V24       V25  \
0  0.098698  0.363787  ... -0.018307  0.277838 -0.110474  0.066928  0.128539
1  0.085102 -0.255425  ... -0.225775 -0.638672  0.101288 -0.339846  0.167170
2  0.247676 -1.514654  ...  0.247998  0.771679  0.909412 -0.689281 -0.327642

        V26       V27       V28    Amount  Class
0 -0.189115  0.133558 -0.021053    149.62      0
1  0.125895 -0.008983  0.014724      2.69      0
2 -0.139097 -0.055353 -0.059752    378.66      0

[3 rows x 31 columns]
```

代码 6-1 实现了 CSV 文件的数据读取，并显示了数据的前三行，便于观察数据。

准确率（Accuracy）、精确率（Precision）、召回率（Recall）和 Fl-Score 的计算方法如公式（6-3）所示。其中 TP、FP、TN、FN 为 4 种检测结果的数目，第一个字母表示检测结果是否正确，T 为正确，F 为错误；第二个字母表示检测为正例还是负例，P 为正例，N 为负例。

召回率、精确率、Fl-Score 的计算步骤

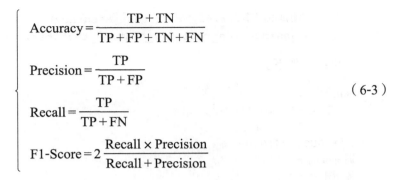

$$
\left\{
\begin{array}{l}
\text{Accuracy} = \dfrac{\text{TP}+\text{TN}}{\text{TP}+\text{FP}+\text{TN}+\text{FN}} \\[3mm]
\text{Precision} = \dfrac{\text{TP}}{\text{TP}+\text{FP}} \\[3mm]
\text{Recall} = \dfrac{\text{TP}}{\text{TP}+\text{FN}} \\[3mm]
\text{F1-Score} = 2\,\dfrac{\text{Recall} \times \text{Precision}}{\text{Recall} + \text{Precision}}
\end{array}
\right.
\tag{6-3}
$$

【代码 6-2】

```python
# 第一步：装载数据
import pandas as pd
credit_card = pd.read_csv('d:/creditcard.csv')
X = credit_card.drop(columns='Class', axis=1)
y = credit_card.Class.values
# 第二步：数据划分及归一化
from sklearn.model_selection import train_test_split
X_train, X_test, y_train, y_test = train_test_split(X, y)
from sklearn.preprocessing import StandardScaler
std = StandardScaler()
X_train = std.fit_transform(X_train)
X_test = std.transform(X_test)
# 第三步：模型选择与训练
from sklearn.linear_model import LogisticRegression
LR = LogisticRegression(max_iter=1000)
LR.fit(X_train, y_train)
y_train_hat = LR.predict(X_train)
y_train_hat_probs = LR.predict_proba(X_train)[:,1]
# 第四步：输出训练过程结果
from sklearn.metrics import roc_curve, roc_auc_score, classification_
report, accuracy_score, confusion_matrix
train_accuracy = accuracy_score(y_train, y_train_hat)*100
train_auc_roc = roc_auc_score(y_train, y_train_hat_probs)*100
print('混淆矩阵:\n', confusion_matrix(y_train, y_train_hat))
print('训练 AUC: %.4f %%' % train_auc_roc)
print('训练准确率: %.4f %%' % train_accuracy)
# 第五步：输出测试结果
y_test_hat = LR.predict(X_test)
y_test_hat_probs = LR.predict_proba(X_test)[:,1]
test_accuracy = accuracy_score(y_test, y_test_hat)*100
test_auc_roc = roc_auc_score(y_test, y_test_hat_probs)*100
print('混淆矩阵:\n', confusion_matrix(y_test, y_test_hat))
print('测试 AUC: %.4f %%' % test_auc_roc)
```

```
print('测试准确率: %.4f %%' % test_accuracy)
print(classification_report(y_test, y_test_hat, digits=6))
```

输出结果如下。

```
混淆矩阵:
 [[213187     34]
  [   136    248]]
训练 AUC: 94.0909 %
训练准确率: 99.9204 %
混淆矩阵:
 [[71070    24]
  [   31    77]]
测试 AUC: 96.3951 %
测试准确率: 99.9228 %
              precision    recall  f1-score   support

           0   0.999564  0.999662  0.999613     71094
           1   0.762376  0.712963  0.736842       108

    accuracy                        0.999228     71202
   macro avg   0.880970  0.856313  0.868228     71202
weighted avg   0.999204  0.999228  0.999215     71202
```

代码 6-2 使用逻辑回归对信用卡欺诈进行检测，并使用混淆矩阵（即每一列表达了分类器对样本的类别预测，每一行则表达了样本所属的真实类别）输出了结果。其中，逻辑回归函数 LogisticRegression 的 max_iter 设置为 1000，max_ite 参数表示迭代求解的最大次数，如果设置过小则结果可能没有收敛。从输出结果中可以看出，虽然测试结果的准确率很高（达到 99.92%），但是训练的模型从 108 笔交易中只检测出 77 笔欺诈交易，检出率只有 71%，这主要是由数据不平衡问题所导致的。

任务 6-2　使用逻辑回归算法解决数据不平衡问题

■ **任务描述**

　　任务 6-1 介绍了什么是逻辑回归，并且通过具体的信用卡欺诈检测任务展示了逻辑回归的强大之处。本任务通过具体示例介绍如何用逻辑回归算法解决数据不平衡问题。

■ **任务目标**

　　熟练使用逻辑回归来解决数据不平衡问题。

知识准备

数据不平衡问题主要存在于有监督学习任务中，具体是指在数据集中包含的两种数据集，分别是正样本数据集和负样本数据集，其中正样本数据集的数量远远大于负样本数据集数量，从而导致正、负样本在数量上产生巨大的差异性。在训练的过程中，算法过多地关注样本多的数据，容易导致样本数量少的数据分类功能下降。

任务实施

在实际的项目中，经常会遇到正、负样本数据不平衡问题，这将导致预测结果出现较大的误差。本任务将会重点介绍如何使用逻辑回归处理样本数据不平衡问题。

步骤 1 **查看原始数据**

查看原始数据分布的柱状图，具体代码如下。

【代码 6-3】

```
unique, counts = np.unique(y, return_counts=True)
plt.bar(unique,counts)
plt.title(' 类别频数 ')
plt.xlabel(' 类别 ')
plt.ylabel(' 频数 ')
plt.show()
```

输出的柱状图如图 6-4 所示。

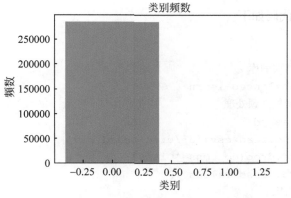

图 6-4 原始数据分布的柱状图

步骤 2　使用重新采样数据集策略

目前有多种策略可以处理数据不平衡问题，例如，将数据输入训练模型之前，改进分类算法或平衡训练数据中的类别。一般情况下采用采样数据集策略方法，它的主要思想是增加少数类的样本，或者减少多数类的样本，这样做是为了在两个类的实例数量上获得一定的平衡。

本书介绍两种处理样本不平衡的方法：随机过采样，添加来自少数类的实例副本；随机欠采样，从多数类中删除实例。

（1）随机欠采样。当训练集的数量很大时，它可以通过减少训练数据样本的数量来帮助提高模型的运行时间并解决内存问题。缺点是它可以丢弃有关数据本身的有用信息，这些信息对于构建基于规则的分类器（如随机森林）可能是必要的。随机欠采样选择的样本可能是有偏样本，因此，它可能导致分类器在真实的数据上表现不佳。

（2）随机过采样。就像随机欠采样一样，也可以执行随机过采样。在这种情况下，可以通过随机复制和重复少数类样本得到均衡的数据。随机过采样的优点是它不会导致信息丢失，缺点是它增加了过度拟合的可能性。

步骤 3　使用 SMOTE 过采样

SMOTE 是一种过采样方法，它创建"合成"示例，而不是通过替换进行过采样。通过获取每个少数类样本的 k 个最近邻居的线段引入合成示例，对少数类进行过采样。根据所需的过采样量，随机选择 k 个最近邻居。SMOTE 过采样的优缺点如下。

优点：由于生成合成示例而不是复制示例，所以减轻了由随机过采样引起的过度拟合；不会丢失信息；容易实现和解释。

缺点：在生成合成示例时，SMOTE 不考虑相邻示例可能来自其他类，增加类的重叠并可能引入额外的噪声；SMOTE 对于高维数据不太实用。

本任务所需要的代码如下。

【代码 6-4】

```python
# 第一步：安装所需要的库
pip install imbalanced-learn
# 第二步：导入数据集并预处理
import pandas as pd
credit_card = pd.read_csv('d:/creditcard.csv')
X = credit_card.drop(columns='Class', axis=1)
y = credit_card.Class.values
# 第三步：划分数据集
from sklearn.model_selection import train_test_split
X_train, X_test, y_train, y_test = train_test_split(X, y)
```

```
# 第四步：定义 SMOTE 模型
from imblearn.over_sampling import SMOTE
OS=SMOTE(random_state=1)
X_train,y_train=OS.fit_resample(X_train,y_train)
# 第五步：数据归一化
from sklearn.preprocessing import StandardScaler
std = StandardScaler()
X_train = std.fit_transform(X_train)
X_test = std.transform(X_test)
# 第六步：训练模型并进行预测
from sklearn.linear_model import LogisticRegression
LR = LogisticRegression(max_iter=1000)
LR.fit(X_train, y_train)
y_train_hat = LR.predict(X_train)
y_train_hat_probs = LR.predict_proba(X_train)[:,1]
# 第七步：输出训练过程结果
from sklearn.metrics import roc_curve, roc_auc_score, classification_
report, accuracy_score, confusion_matrix
train_accuracy = accuracy_score(y_train, y_train_hat)*100
train_auc_roc = roc_auc_score(y_train, y_train_hat_probs)*100
print('混淆矩阵:\n', confusion_matrix(y_train, y_train_hat))
print('训练 AUC: %.4f %%' % train_auc_roc)
print('训练准确率: %.4f %%' % train_accuracy)
y_test_hat = LR.predict(X_test)
y_test_hat_probs = LR.predict_proba(X_test)[:,1]
test_accuracy = accuracy_score(y_test, y_test_hat)*100
test_auc_roc = roc_auc_score(y_test, y_test_hat_probs)*100
print('混淆矩阵:\n', confusion_matrix(y_test, y_test_hat))
print('测试 AUC: %.4f %%' % test_auc_roc)
print('测试准确率: %.4f %%' % test_accuracy)
print(classification_report(y_test, y_test_hat, digits=6))
```

输出结果如下。

```
混淆矩阵:
 [[211399   1850]
 [  6753 206496]]
训练 AUC: 99.7746 %
训练准确率: 97.9829 %
混淆矩阵:
 [[70445    621]
 [   13    123]]
测试 AUC: 97.2637 %
测试准确率: 99.1096 %
```

	precision	recall	f1-score	support
0	0.999815	0.991262	0.995520	71066
1	0.165323	0.904412	0.279545	136
accuracy			0.991096	71202
macro avg	0.582569	0.947837	0.637533	71202
weighted avg	0.998222	0.991096	0.994153	71202

代码 6-4 采用 SMOTE 方法对数据进行过采样来增加样本数量，从而尽可能消除样本不平衡所带来的影响。漏检率 = 欺诈行为被认定为正常行为 / 所有欺诈行为。从代码 6-2 和代码 6-4 的结果中可知，采样前的漏检率为 28.7%；采样后的漏检率为 9.6%。漏检率得到大幅下降。

任务 6-3　使用逻辑回归算法处理鸢尾花分类问题

■ 任务描述

逻辑回归算法除可以处理二分类问题外，还可以处理多分类问题。本任务将使用逻辑回归多分类算法完成鸢尾花分类问题。

■ 任务目标

熟练使用逻辑回归算法解决鸢尾花分类问题。

任务实施

任务 6-1 和任务 6-2 均为用逻辑回归算法解决二分类问题，本任务的主要内容为用逻辑回归算法解决多分类问题。如果有两个以上类别，那么逻辑回归算法需要改进。这种改进不仅是算法的简单更新，而是一种针对典型多分类器系统的方法实现，其中应用了许多二元分类器来识别每个类与其他所有类。常用的多分类方法有两种，在 Sklearn 中只需要改变参数就可以实现这两种方法。第一种设置参数 multi_class = OVR（One-VS-Rest），表示每次将一个类作为正例，其余 $n-1$ 个类作为反例，这样 n 个类需要 n 个分类器；第二种设置参数 multi_class = multinomial，表示将 n 个类两两配对、产生 $n(n-1)/2$ 个二分类任务，获得 $n(n-1)/2$ 个分类器。多分类可视化效果如图 6-5 所示。

使用逻辑回归算法实现鸢尾花分类所需代码如下。

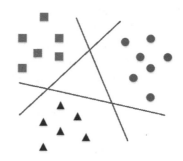

图 6-5　多分类可视化效果图

【代码 6-5 】

```
from sklearn import datasets
iris = datasets.load_iris()
X = iris.data
y = iris.target
# 划分数据集
from sklearn.model_selection import train_test_split
X_train, X_test, y_train, y_test = train_test_split(X, y ,test_size = 0.25)
# 数据集归一化
from sklearn.preprocessing import StandardScaler
scaler = StandardScaler()
X_train = scaler.fit_transform(X_train)
X_test = scaler.transform(X_test)
# 训练模型
from sklearn.linear_model import LogisticRegression
LR = LogisticRegression(penalty='l2',C=100,multi_class='ovr')
LR.fit(X_train,y_train)
y_predict = LR.predict(X_test)
# 模型预测
from sklearn.metrics import classification_report
print(classification_report(y_test, y_predict))
print(y_test)
print(y_predict)
```

输出结果如下。

	precision	recall	f1-score	support
0	1.00	1.00	1.00	15
1	1.00	0.92	0.96	13
2	0.91	1.00	0.95	10
accuracy			0.97	38
macro avg	0.97	0.97	0.97	38
weighted avg	0.98	0.97	0.97	38

```
[1 0 0 0 2 1 1 2 2 0 2 1 1 2 0 0 2 0 1 2 2 1 1 0 0 0 1 1 0 2 0 1 1 0 0 1 2 0]
[1 0 0 0 2 1 1 2 2 0 2 1 1 2 0 0 2 0 1 2 2 1 1 0 0 0 1 2 0 2 0 1 1 0 0 1 2 0]
```

代码 6-5 实现了逻辑算法回归的多分类，对鸢尾花进行了分类，其中 LogisticRegression 函数中的参数 multi_class 设置为 OVR，OVR 便于理解，无论多少元逻辑回归，都看作二元逻辑回归。multinomial 则相对复杂，如果模型有 T 类，则每次在所有的 T 类样本里选择两类样本出来，一共需要 $T(T-1)/2$ 次分类。

◆ 项 目 小 结 ◆

本项目主要围绕逻辑回归算法展开详细的讲解。通过实现信用卡欺诈检测任务，让读者了解到逻辑回归算法可以处理二分类问题；采用逻辑回归算法解决样本不平衡问题，更能体现出逻辑回归算法的强大之处；最后通过逻辑回归算法实现鸢尾花分类问题，让读者进一步明白逻辑回归算法还可以处理多分类问题。

◆ 练 习 题 ◆

一、选择题

1. 逻辑回归属于（　　　　）问题。

　　A. 回归　　　　　　　　B. 分类　　　　　　　　C. 聚类　　　　　　　　D. 以上都不是

2. 关于逻辑回归，以下说法错误的是（　　　　）。

　　A. 该算法用于分类而不是回归，是一种监督分类算法

　　B. 通过逻辑回归算法获得的预测结果实际上只是在 $0\sim1$

　　C. 需要激活函数

　　D. 不需要阈值来确定每个实例的类别

3. 假设数据中有 k 个类型，在 One-Vs-Rest（OVR）方法中一共需要训练（　　　　）个分类器。

　　A. k　　　　　　　　B. $k-1$　　　　　　　　C. $k(k-1)/2$　　　　　　　　D. $2k$

二、简答题

1. 简述逻辑回归算法的原理。

2. 简述逻辑回归算法与线性回归算法的区别。

3. 样本不平衡时会给分类带来哪些问题？可以采取哪些方法来解决不平衡问题？

项目7

基于决策树算法的应用实践

📖 **项目导读**

　　决策树作为一种机器学习算法，属于树形结构，可以解决分类问题，是目前比较常用的分类算法，一般用于分类和回归。通常情况下，对于复杂的分类问题，一般采用树模型来划分出子节点。因此可以划分出多个子集，即可以划分出多个不同的子问题。随着树深度的不断增加，问题被不断地分化，直到满足一定的停止条件而得出最终决策结果。

💡 **学习目标**

➤ 掌握决策树算法的基本原理。
➤ 掌握决策树算法的基本实现步骤。
➤ 学会使用决策树算法处理各种相关预测问题。

 **知识导图**

基于决策树算法
的应用实践
- 使用决策树算法实现
鸢尾花分类
  - 认识ID3算法
  - 认识CART算法
  - 实现鸢尾花分类的方法
- 使用决策树回归算法实现
曲线预测
- 使用决策树算法预测
波士顿房价

任务 7-1 使用决策树算法实现鸢尾花分类

■ **任务描述**

前面的项目已经对鸢尾花分类问题有了详细的讲解，其实鸢尾花分类问题可以采用多种机器学习算法来解决。本任务将使用决策树算法处理鸢尾花分类问题。

■ **任务目标**

掌握决策树算法的基本实现步骤，并熟练使用决策树算法解决鸢尾花分类问题。

知识准备

决策树算法原理

决策树是一种功能强大、流行的分类和预测工具。决策树的基本结构类似于树结构，如图 7-1 所示。其中，每个内部节点表示对一个属性的测试，每个分支表示测试的结果，每个叶节点（终端节点）表示持有一个类标签。

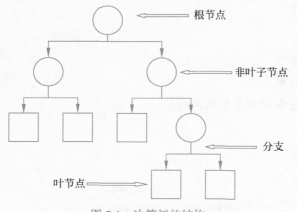

决策树的
工作原理

图 7-1　决策树的结构

决策树可以通过基于属性值测试将源集拆分为子集来"学习"树，以递归的方式在每个派生子集上重复此过程，此过程称为递归分区。当一个节点的子集都具有相同的目标变量值，或者当分裂不再为预测增加值时，递归就完成了。决策树分类器的构建不需要任何领域的知识或参数设置，因此适用于探索性知识发现。决策树还可以处理高维数据。一般而言，决策树分类器具有较高的准确性。决策树归纳法是一种典型的学习分类知识的归纳法。

决策树一般是从树的根节点到某个叶节点进行排序来对实例进行分类，因此提供了实例的分类，一个实例的分类是从树的根节点开始，测试这个节点指定的属性，然后按照比较结果沿着选择的分支向下移动，再对子树重复这个过程，直至叶子节点。

常见的决策树算法有 ID3（Iterative Dichotomiser 3）算法、C4.5（Classification 4.5）算法和 CART（Classification and Regression Tree）算法等。其中，C4.5 算法是 ID3 算法的改进版本，CART 算法则是 ID3 和 C4.5 算法的改进版本。

决策树算法的优缺点如下。

优点：决策树算法可用于回归和分类设置；建模前无须了解参数；决策树的可解释性强；能够快速构建决策树；不需要缩放特征来拟合决策树。

缺点：如果决策树继续分裂，过度拟合的可能性非常高；决策树在每次拆分时都进行了优化，有可能会导致错误的结果；不平衡数据集导致出现低使用率。

本任务主要围绕决策树的基本原理进行深入讲解，需要理解什么是决策树，通过决策树可以解决什么问题，并且采用案例驱动的方式来详细解释决策树的原理以及决策树的用法。

步骤 1 **认识 ID3 算法**

ID3 算法中涉及熵的概念。熵是指测量数据中存在的"信息量"，表示离散事件发生的概率。这个数量不仅基于变量中存在的不同值的数量，还基于变量的值所保持的意外估计数量。事件越具有确定性，它所包含的信息就越少。简而言之，信息是不确定性或熵的增加。

决策树 .py

ID3 算法通过式（7-1）计算每个特征的信息熵（Ent（h）），再根据式（7-2）计算每个特征的信息增益（Gain（H，a）），接下来通过比较每个特征对应的信息增益的大小选择信息增益最大的特征。其中，信息增益可表示为一个由两部分组成的函数，其含义是父数据集和其在特定属性上产生的分割子集之间的熵差异，本质上是熵的加权度量。

$$\text{Ent}(H) = -\sum_{i=1}^{n} p(x_i) \log_2 p(x_i) \tag{7-1}$$

$$\text{Gain}(H, a) = \text{Ent}(H) - \sum_{i=1}^{n} \frac{|H^i|}{|H|} \text{Ent}(H^i) \tag{7-2}$$

其中，式（7-1）中 H 表示样本集合；$p(x_i)$ 表示输出 x_i 值的概率。式（7-2）中 a 表示属性；H 表示样本集合；H^i 表示按照属性 a 数据集 H 的第 i 个划分。

ID3 算法的计算步骤如下。

（1）选择没有分裂过的特征，计算每个特征对应的信息增益。

（2）选择信息增益最大对应的特征。

（3）如果信息增益大于阈值，则继续分裂；如果信息增益小于阈值，则结束分裂。

（4）重复以上步骤，直至遍历所有的特征，最后取信息增益最大的特征。

接下来通过一个案例来介绍 ID3 算法的计算流程。表 7-1 给出了实验的数据集，数据集中包含了学生的力气大小，鞋码是否大于 38 码及学生的性别。通过力气大小和鞋码是否大于 38 码来预测这个学生的性别。

表 7-1　ID3 算法的实验数据

力气	鞋码	性别	力气	鞋码	性别
小	>38	男	小	<38	女
大	>38	男	大	<38	女
大	>38	男	大	>38	女
大	>38	男	小	>38	女
大	>38	男	小	>38	女

根据式（7-1）计算数据中总的信息熵，具体如下式所示。

$$\text{info} = -\frac{5}{10}\log_2\left(\frac{5}{10}\right) - \frac{5}{10}\log_2\left(\frac{5}{10}\right) = 1$$

一共 10 名同学，包含 5 名女同学和 5 名男同学，按照力气大小来分类：力气大的 6 名同学中有 4 男 2 女，力气小的 4 名同学中有 1 男 3 女。

$$\text{info1} = -\frac{2}{6}\log_2\left(\frac{2}{6}\right) - \frac{4}{6}\log_2\left(\frac{4}{6}\right) = 0.9183$$

$$\text{info2} = -\frac{1}{4}\log_2\left(\frac{1}{4}\right) - \frac{3}{4}\log_2\left(\frac{3}{4}\right) = 0.8113$$

$$\text{info} = \frac{4}{10} \times 0.8113 + \frac{6}{10} \times 0.9183 = 0.8755$$

信息增益为 $1 - 0.8755 = 0.1245$。

按照鞋码大小来分类：鞋码大于 38 的有 5 男 3 女，鞋码小于 38 的有 0 男 2 女。

$$\text{info3} = -\frac{3}{8}\log_2\left(\frac{3}{8}\right) - \frac{5}{8}\log_2\left(\frac{5}{8}\right) = 0.9544$$

$$\text{info4} = -\frac{2}{2}\log_2\left(\frac{2}{2}\right) = 0$$

$$\text{info}' = \frac{8}{10} \times 0.9544 + \frac{2}{10} \times 0 = 0.7635$$

信息增益为 $1 - 0.7635 = 0.2365$。

鞋码特征的信息增益更大，区分样本的能力更强，更具有代表性。具体决策流程如图 7-2 所示。

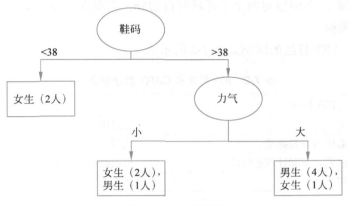

图 7-2 决策流程图

步骤 2 认识 CART 算法

CART 分类树算法的分支标准是基于基尼指数（Gini）的，其中基尼指数表示为 1 减去每个类别在当前子集的所有事件上发生的概率之和。与信息增益不同，基尼指数不是计算密集型的，因为它不涉及用于计算信息增益熵的对数函数。Gini 的值越小说明样本集合的纯度越高，值越大说明样本集合的纯度越低。如果所有元素都属于一个类，那么它可以被称为纯元素。基尼指数的程度在 0～1 变化，其中，0 表示所有元素都属于某个类，1 表示元素随机分布在各个类中。0.5 的基尼指数表示元素在某些类中平均分布。基尼指数计算公式如式（7-3）、式（7-4）所示。

$$\text{Gini}(H) = \sum_{k=1}^{n} p_k (1 - p_k) = 1 - \sum_{k=1}^{k} p_k^2 \qquad (7\text{-}3)$$

式中，H 为样本集合；p_k 表示选中的样本属于 k 类别的概率。

基于属性 a 将样本集合 H 划分为 I 个子集，此时的基尼指数计算公式为

$$\text{GiniIndex}(H, a) = \sum_{i=1}^{I} \frac{|H^i|}{|H|} \text{Gini}(H^i) \qquad (7\text{-}4)$$

式中，H^i 表示第 i 个子集。

不同于 ID3 算法和 C4.5 算法，CART 还可以用于回归。一般 CART 回归树算法使用平方误差最小化准则，进行特征选择，生成二叉树。

$$\min \sum_{n=1}^{N} \left(y_n - \sum_{m}^{M} O_m I \right)^2 \qquad (7\text{-}5)$$

式中，参数 O_m 表示当样本属于第 m 个叶子节点时，对应的 CART 回归树的输出值。

CART 回归树算法的计算步骤如下。

（1）根据平方误差最小化准则计算最优切分变量与切分点。

（2）用选定的点与切分变量划分区域并得到相应的输出值。

（3）重复步骤（1）继续对两个子区域进行切分，直至满足停止条件。

（4）输出决策树。

ID3 算法和 CART 算法的区别如表 7-2 所示。

表 7-2　ID3 算法和 CART 算法的区别

ID3 算法	CART 算法
只可用于分类	可以用于分类，也可以用于回归
采用信息增益作为分裂标准	采用 Gini 作为分裂标准
只能处理离散值，不能处理连续值	可以处理离散值和连续值
可以为多叉树	二叉树

步骤 3　实现鸢尾花分类

在日常生活中，大家会经常遇到自己感兴趣却又不认识的动植物，很多人都会好奇自己遇到的动植物是什么。例如遇到了一种鲜花，我们可以对它的花瓣长度、花瓣宽度、花萼长度、花萼宽度进行测量统计，通过这些特征来判断这个花属于哪一类。

鸢尾花数据集
的三维可视化

【代码 7-1】

```
import pandas as pd
from sklearn import datasets
data = datasets.load_iris()
X = pd.DataFrame(data=data.data, columns=data.feature_names)
# 转换为 DataFrame 格式
X['target'] = data.target
C0 = X[X['target'] == 0].values
C1 = X[X['target'] == 1].values
C2 = X[X['target'] == 2].values
# 使用 scatter 函数绘制三维散点图
import matplotlib.pyplot as plt
fig = plt.figure(figsize=(10, 12))
ax = fig.add_subplot(111, projection='3d')
ax.scatter(C0[:, 3], C0[:, 2], C0[:, 2], label='setosa')
ax.scatter(C1[:, 3], C1[:, 2], C1[:, 2], label='versicolor')
ax.scatter(C2[:, 3], C2[:, 2], C2[:, 2], label='virginica')
# 显示三维图
plt.legend()
plt.show()
```

代码的输出结果如图 7-3 所示。

代码 7-1 主要将鸢尾花数据集进行三维可视化显示，其中，add_subplot 函数中的参数 111 表示将画布分成 1×1 个子图，选择第一个子图。plt.legend 函数的主要作用是给三维图加上图例。

接下来通过决策树分类器对鸢尾花数据进行分类，其中分支标准为 Gini，函数 DecisionTreeClassifier 默认的分支标准为 Gini，先设置为 entropy，entropy 代表分类标准是基于信息熵的。

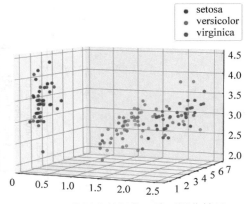

图 7-3　鸢尾花数据集三维可视化结果

【代码 7-2】

```python
# 装载数据
from sklearn import datasets
iris = datasets.load_iris()
X = iris['data']
y = iris['target']
feature_names = iris.feature_names
# 数据集划分
from sklearn.model_selection import train_test_split
X_train, X_test, y_train, y_test = train_test_split(X, y, test_size=0.2,
random_state=1024)
# 模型引入、训练、测试
from sklearn.tree import DecisionTreeClassifier
clf = DecisionTreeClassifier(criterion='entropy')
clf.fit(X_train, y_train)
y_ = clf.predict(X_test)
# 计算正确率
from sklearn.metrics import accuracy_score
print(accuracy_score(y_test, y_))
# 输出结果
import matplotlib.pyplot as plt
plt.figure(figsize=(14, 8))
from sklearn import tree
tree.plot_tree(clf, filled=True, feature_names=feature_names)
plt.show()
```

输出结果如下。

```
1.0
```

生成的决策树如图 7-4 所示。

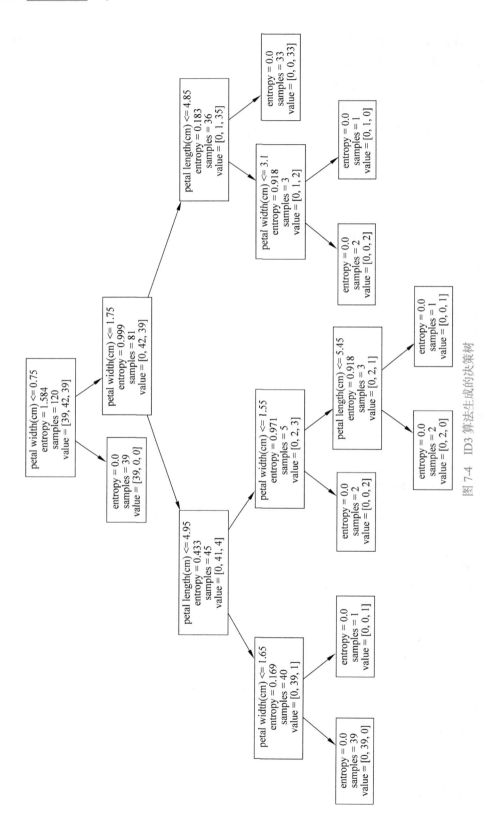

图 7-4　ID3 算法生成的决策树

代码 7-2 实现了 ID3 算法绘制决策树，设置分支标准为信息熵。从代码中可以看出，基本是通过装载数据、训练模型生成绘图空间，最终绘制成决策树。其中，plt.rcParams['savefig.dpi'] 用于设置图片像素，plt.rcParams['figure.dpi'] 用于设置分辨率。

接下来设置函数 DicisionTreeClassifier 的分支标准为信息熵，并对鸢尾花数据进行分类。

【代码 7-3】

```
# 装载数据
from sklearn import datasets
iris = datasets.load_iris()
X = iris['data']
y = iris['target']
feature_names = iris.feature_names
# 数据集划分
from sklearn.model_selection import train_test_split
X_train, X_test, y_train, y_test = train_test_split(X, y, test_size=0.2,
random_state=1024)
# 模型引入、训练、测试
from sklearn.tree import DecisionTreeClassifier
clf = DecisionTreeClassifier(criterion='gini')
clf.fit(X_train, y_train)
y_ = clf.predict(X_test)
# 计算正确率
from sklearn.metrics import accuracy_score
print(accuracy_score(y_test, y_))
# 输出结果
import matplotlib.pyplot as plt
plt.figure(figsize=(14, 8))
from sklearn import tree
tree.plot_tree(clf, filled=True, feature_names=feature_names)
plt.show()
```

输出结果如下。

```
0.98
```

代码 7-3 的主要实现步骤和代码 7-2 基本一致，不同的点是 DecisionTreeClassifier(criterion='gini') 中使用了 gini 作为分类标准。CART 算法生成的决策树如图 7-5 所示。

从结果中可以，基于信息熵和基于基尼系数的两种方法在性能上具有一些较小的差异。具体来说，前者对不确定性的处理更为敏感，因此在处理类别不平衡或者样本分布不均匀的情况下会有稍微更好的表现；而后者在处理离散特征时计算速度稍快一些。

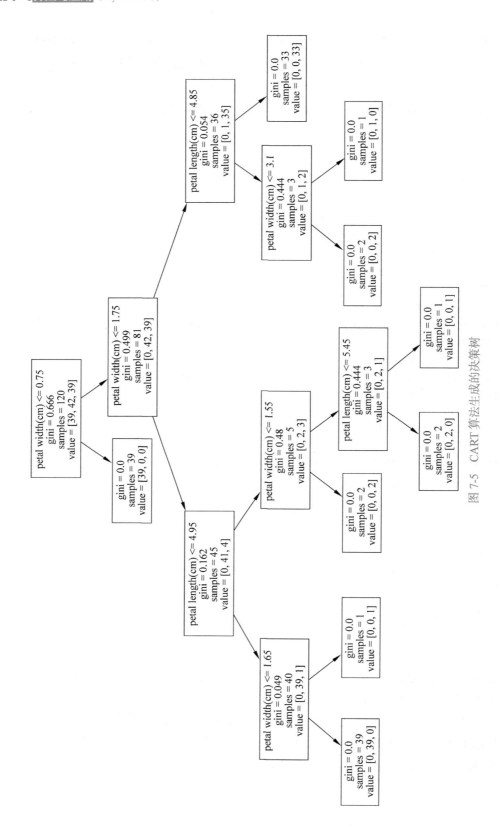

图 7-5　CART 算法生成的决策树

任务 7-2 使用决策树回归算法实现曲线预测

■ **任务描述**

从前面的任务中已经了解到决策树的基本原理以及使用方法，本任务将使用决策树回归算法解决曲线预测问题。

■ **任务目标**

掌握决策树回归算法的基本实现步骤。

 任务实施

采用任务驱动的方式使用决策树回归算法进行曲线预测，通过调整不同的深度值来观察曲线的变化趋势。使用代码 7-4 进行决策树回归。

【代码 7-4】

```python
import numpy as np
num=400
X=np.linspace(-10,10,num)
X=X.reshape(num,1)
y=np.cos(X).ravel()+np.random.rand(len(X))
# 深度为 2
from sklearn.tree import DecisionTreeRegressor
DTR=DecisionTreeRegressor(max_depth=2)
DTR.fit(X,y)
# 预测过程
X_test=np.arange(-10,10.0,0.01)[:,np.newaxis]
y_predict=DTR.predict(X_test)
# 输出结果
import matplotlib.pyplot as plt
plt.rcParams['font.sans-serif'] = [u'SimHei']
plt.rcParams['axes.unicode_minus'] = False
plt.figure()
plt.scatter(X,y,edgecolor="black",c="darkorange",label="data")
plt.plot(X_test,y_predict,color="cornflowerblue",label="max_depth=2",
linewidth=2)
plt.xlabel(" 输入 ")
plt.ylabel(" 输出 ")
plt.legend()
plt.show()
```

代码 7-4 的主要作用是采用不同的深度来拟合曲线，其中最主要的部分是设置 DecisionTreeRegressor 函数中的深度参数 max_depth。

深度（max_depth）为 2、5 和 8 情况下的拟合结果如图 7-6 ～图 7-8 所示。

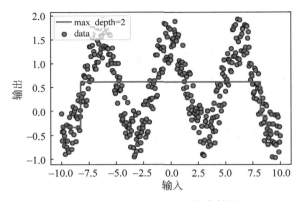

图 7-6　max_depth=2 的拟合结果

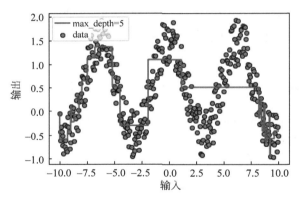

图 7-7　max_depth=5 的拟合结果

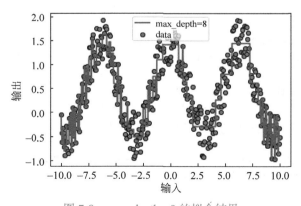

图 7-8　max_depth=8 的拟合结果

从可视化结果中，明显可以看出随着决策树最大深度的增加，拟合的效果越好，拟合能力越强。

任务 7-3 使用决策树算法预测波士顿房价

■ **任务描述**

根据前面任务讲解的决策树算法的基本原理以及使用方法，本任务将使用决策树算法解决波士顿房价预测问题。

■ **任务目标**

掌握决策树算法的基本实现步骤。

 任务实施

在此项任务中，选择了与项目 5 相同的数据集——波士顿房价数据集，这里就不再赘述。本任务将结合决策树算法的基本原理和实现步骤来预测波士顿房价。使用代码 7-5 进行波士顿房价预测。

【代码 7-5】

```python
from sklearn import datasets
# 加载波士顿房价数据
boston = datasets.load_boston()
X, y = boston.data, boston.target
print(X.shape)
print(y.shape)
# 特征选择
from sklearn.feature_selection import SelectPercentile, f_regression
selector = SelectPercentile(f_regression, percentile=40)
# 选择了前 40% 的特征
X_new = selector.fit_transform(X, y)
print(X_new.shape)
# 输出结果，选择了前 40% 的比较重要的特征
X = X_new
# 划分训练集和检验集
from sklearn.model_selection import train_test_split
X_train, X_test, y_train, y_test = train_test_split(X, y, test_size=0.25,
random_state=1001)
# 引入决策树回归
from sklearn.tree import DecisionTreeRegressor
# 使用训练集训练模型
reg = DecisionTreeRegressor(max_depth=8)
```

```
reg.fit(X_train, y_train)
# 使用模型进行预测
y_predict = reg.predict(X_test)
# 计算模型的预测值与真实值之间的均方误差 MSE
from sklearn.metrics import mean_squared_error
print(mean_squared_error(y_test, y_predict))
# 打印均方误差
print(reg.score(X_train, y_train))
# 打印训练集 R^2
print(reg.score(X_test, y_test))
# 打印测试集 R^2
```

输出结果如下。

```
(506, 13)
(506,)
(506, 5)
22.316430632704368
0.9730483714239704
0.7593518707719875
```

代码 7-5 采用决策树算法预测波士顿房价，从代码中可以得知具体的流程为选取特征、划分数据集、训练模型和输出最终的结果。代码 7-5 采用最大深度 8 进行了模型训练。

◆ 项目小结 ◆

本项目主要围绕决策树算法进行讲解，通过任务驱动的模式重点讲解了决策树算法的基本原理以及实现步骤，并且采用程序绘制决策树结果图的方式让读者更加理解决策树算法。为了更好地体现决策树算法的优点，本项目采用决策树算法对实际的案例进行了实现。

◆ 练 习 题 ◆

一、选择题

1. ID3 算法是基于（　　　）进行分裂的。

　A. 信息增益　　　　　B. Gini 系数　　　　C. 均值　　　　D. 方差

2. CART 决策树可以处理（　　　）问题。

　A. 回归　　　　　　　B. 分类　　　　　　C. 回归与分类　　D. 聚类

3. ID3 决策树可以处理（　　　）问题。

　A. 回归　　　　　　　B. 分类　　　　　　C. 回归与分类　　D. 聚类

4. CART 决策树可以处理（　　　）数据。

    A. 离散　　　　　　　　　B. 连续　　　　　　　　C. 离散与连续

5. 以下关于 CART 决策树说法错误的是（　　　）。

    A. 可以用于分类，也可以用于回归　　　　　B. 采用 Gini 作为分裂标准

    C. 可以处理离散值和连续值　　　　　　　　D. 可以为多叉树

6. 以下关于 ID3 决策树说法错误的是（　　　）。

    A. 可以用于分类，也可以用于回归　　　　　B. 采用信息增益作为分裂标准

    C. 只能处理离散值　　　　　　　　　　　　D. 可以为多叉树

二、简答题

1. 简述决策树算法的原理。

2. 介绍几种常见决策树算法，并说明它们的特点。

项目8

基于支持向量机算法的应用实践

📋 **项目导读**

　　支持向量机（Support Vector Machines，SVM）是目前受欢迎的机器学习算法之一，属于一种二分类模型。其基本思想是准确地划分数据集并且分离出间隔最大的超平面，即选择最合适的边距将两种类别进行分离。SVM可以解决复杂的高维度问题，同时也可以处理小样本下存在的训练问题，其模型的泛化能力较强。

 学习目标

➤ 理解支持向量机算法的基本原理。

➤ 熟练使用支持向量机算法进行高维数据分类。

➤ 熟练使用支持向量机算法处理各种分类和预测问题。

 知识导图

```
                                                          ┌ 支持向量机算法的工作原理和优缺点
                                                          │ 了解非线性数据
                          ┌ 使用支持向量机算法处理二维数据分类问题 ┤ 使用支持向量机算法求解最大几何间隔的方法
                          │                                 │ 使用线性SVM处理二维数据分类问题
基于支持向                  │                                 └ 使用非线性SVM处理二维数据分类问题
量机算法的      ─────────────┤ 使用支持向量机处理高维数据分类问题
应用实践                    │
                          │                                 ┌ 使用SVM回归算法预测曲线
                          └ 使用SVM回归算法预测曲线预测和波士顿房价 ┤
                                                          └ 使用SVM回归算法预测波士顿房价
```

■ 任务描述

通过理解支持向量机算法的基本原理，认识非线性数据和了解支持向量机求解，然后使用支持向量机算法解决数据二分类问题。

■ 任务目标

掌握支持向量机的基本原理和基本实现步骤。

知识准备

理解支持向量机算法工作原理

通过一个简单示例可以更容易理解支持向量机的基本原理。假设有两个标签分别是"蓝"和"绿"，其数据含有两个特征 x 和 y。需要通过一个分类器，然后给定一对 (x, y) 坐标值，最终输出"蓝"或"绿"。图 8-1 是已经被标记的训练数据，其中，圆形为蓝色数据，三角形为绿色数据。

支持向量机获取这些数据点并输出最能分隔标签的超平面（在二维空间中它只是一条线），也就是决策边界，落在决策边界一侧的数据将归类为蓝色，而落在另一侧的数据将归类为绿色。加入决策边界后的结果如图 8-2 所示。

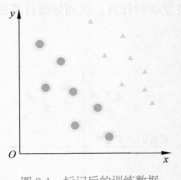

图 8-1 标记后的训练数据

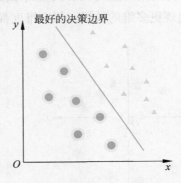

图 8-2 超平面结果

超平面应使两个标签的边距最大化，即超平面（记住在这种情况下是一条线）与每个标签的最近元素的距离最大。

任务实施

SVM 算法是一种监督式机器学习算法，它使用分类算法解决两组分类问题。在为每个类别提供一组含有标签的训练数据的 SVM 模型后，它们能够对新文本进行分类。SVM 算法的目标是创建可以将 n 维空间划分为类的最佳线或决策边界，以便将来可以轻松地将新数据点放入正确的类别中。这个最佳决策边界称为超平面。SVM 算法选择有助于创建超平面的极值点 / 向量。这些极端情况称为支持向量，因此该算法称为支持向量机。

SVM 的优缺点如表 8-1 所示。

表 8-1　SVM 的优缺点

优　点	缺　点
在非结构化、结构化和半结构化数据方面非常灵活	计算大型数据集时，训练时间更长
内核函数减轻了几乎任何数据类型的复杂性	超参数在解释其影响时，通常具有挑战性
与其他模型相比，过拟合现象较少	由于一些黑盒方法，整体解释性低

与神经网络等较流行的算法相比，SVM 算法的主要优势：在样本数量有限（数千个）的情况下，速度更快，性能更佳。

步骤 1　了解非线性数据

上一个例子中的数据非常简单，只需要画出一条直线就可以将蓝色和绿色的数据区分开。如果数据变得复杂，那么只有一条直线是无法区分蓝色和绿色的数据，如图 8-3 所示。如果我们将数据的维度增加一维，将得到 3 个维度的数据，那么数据变成了线性可分。图 8-4 表示将数据的空间映射到更高维度来对非线性数据进行分类的结果。然而，事实证明，由于出现更多维的数据，每个维度都可能涉及复杂的计算，从而导致计算成本非常高。

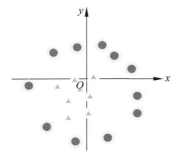

图 8-3　二维数据显示结果

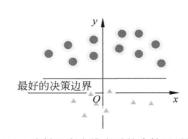

图 8-4　映射至多个维度后的决策显示结果

非线性数据表示数据之间的关系为非线性，不是线性可分的。如果可以通过使用一条直线轻松地将数据分离，那么这就是线性 SVM。如果采用直线不能将数据正常分离，那么这就需要使用非线性 SVM。也可以使用内核函数将非线性空间转换为线性空间，即它将数据转换为另一种维度，以便对数据进行分类。

步骤 2　使用支持向量机算法求解最大几何间隔

在之前的内容中已经了解到支持向量机能够绘制出一个最优的决策边界（超平面），假设 $\boldsymbol{w}^{\mathrm{T}}\boldsymbol{x}+b=0$，在超平面上方的数据定义为 $\boldsymbol{w}^{\mathrm{T}}\boldsymbol{x}+b=1$，在超平面下方的数据定义为 $\boldsymbol{w}^{\mathrm{T}}\boldsymbol{x}+b=-1$。几何间隔计算方法如下：

$$\gamma = \frac{y(\boldsymbol{w}^{\mathrm{T}}\boldsymbol{x}+b)}{\|\boldsymbol{w}\|_2} \tag{8-1}$$

式中，$\boldsymbol{w}$ 表示分类间隔，间隔越大说明分类效果越好；$\|\boldsymbol{w}\|$ 表示所有元素的平方和；b 为偏置变量。

当求解 $\boldsymbol{w}$ 的最大值时，还需要设置合适的约束条件。

$$\max\gamma = \frac{y(\boldsymbol{w}^{\mathrm{T}}\boldsymbol{x}+b)}{\|\boldsymbol{w}\|_2} \quad \text{s.t} \quad y_i(\boldsymbol{w}^{\mathrm{T}}\boldsymbol{x}_i+b)\geqslant 1 \quad (i=1,2,\cdots,m) \tag{8-2}$$

其中，约束条件为 $y_i(\boldsymbol{w}^{\mathrm{T}}\boldsymbol{x}_i+b)\geqslant 1(i=1,2,\cdots,m)$，可以根据凸优化理论中的拉格朗日函数来求解 γ。

步骤 3　使用线性 SVM 处理二维数据分类问题

代码 8-1 采用线性 SVM 算法处理二分类问题，首先需要建立 SVC 模型，其次输入数据，最后根据具体的绘制函数绘制出分类结果。

【代码 8-1】

```
from sklearn.datasets import make_blobs
data,label = make_blobs(n_samples=100, centers=2)
# 建立 SVC 模型，使用样本 data 和 label 训练 SVM 模型
from sklearn import svm
SVM = svm.SVC(kernel ="linear",C=1000)
SVM.fit(data,label)
# 绘制分割后的超平面并输出样本分类结果
import matplotlib.pyplot as plt
plt.scatter(data[:, 0],data[:, 1],c=label,s=50)
ax = plt.gca()
xlim = ax.get_xlim()
ylim = ax.get_ylim()
import numpy as np
XX = np.linspace(xlim[0],xlim[1],50)
yy = np.linspace(ylim[0],ylim[1],50)
y,X = np.meshgrid(yy,XX)
xy = np.vstack([X.ravel(),y.ravel()]).T
Z = SVM.decision_function(xy).reshape(X.shape)
ax.contour(X,Y,Z,levels=[-1,0,1])
```

```
ax.scatter(SVM.support_vectors_[:, 0],
           SVM.support_vectors_[:, 1],
           s=100,linewidth=1,facecolors="none")
plt.show()
```

代码 8-1 中，np.linspace(xlim[0],xlim[1],50) 表示图像仅在 xlim[0]～xlim[1]
显示 50 个点。具体结果如图 8-5 和图 8-6 所示。

SVM01.py

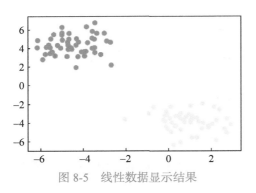

图 8-5　线性数据显示结果

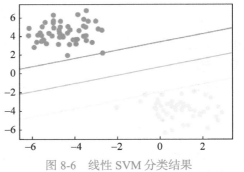

图 8-6　线性 SVM 分类结果

现在更换数据样本，使用环形数据并通过添加噪声和改变影响因素来打乱数据。

```
from sklearn.datasets import make_circles
data,label = make_circles(100, factor=0.2, noise=0.2)
plt.scatter(data[:,0],data[:,1],c=label,s=50)
plt.show()
```

运行结果如图 8-7 和图 8-8 所示。

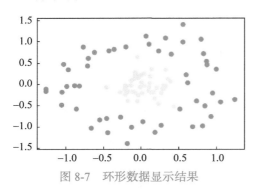

图 8-7　环形数据显示结果

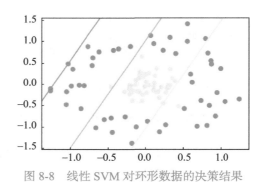

图 8-8　线性 SVM 对环形数据的决策结果

可以看出，线性 SVM 处理线性不可分的数据时，决策边界明显出现了问题，为了解决这个问题，非线性 SVM 被提出。

步骤 4　使用非线性 SVM 处理二维数据分类问题

为了使用非线性 SVM 进行数据分类，只需要将 SVM 的内核换成 RBF
即可。

SVM02.py

```
SVM = svm.SVC(kernel ="rbf",C=1000)
```

从图 8-9 中可以看出，当核函数 Linear 替换成 RBF 后，决策面的合理性得到了大幅提高。

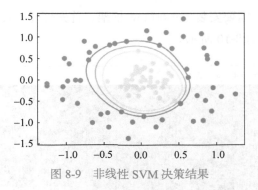

图 8-9　非线性 SVM 决策结果

任务 8-2　使用支持向量机算法处理高维数据分类问题

■ 任务描述

根据前面所理解的支持向量机可以处理线性和非线性数据分类的方法，本任务将使用支持向量机来解决高维数据分类问题。

■ 任务目标

掌握支持向量机的基本实现步骤。

 任务实施

本任务将使用 Fashion-MNIST 数据集，它包含 10 个类别，一共 60000 张大小为 28×28 像素的灰度图像，同时包含 10000 张测试集。由于本任务使用 TensorFlow 中的库下载数据集，因此需要搭建 TensorFlow 环境。数据集中的具体类别如表 8-2 所示。

表 8-2　Fashion-MNIST 数据类别

数据	类　别	数据	类　别
0	T-shirt/top（T恤）	5	Sandal（凉鞋）
1	Trouser（裤子）	6	Shirt（汗衫）
2	Pullover（套衫）	7	Sneaker（运动鞋）
3	Dress（裙子）	8	Bag（包）
4	Coat（外套）	9	Ankle boot（踝靴）

步骤 1 搭建 TensorFlow 环境

1. 打开 Anaconda Prompt 命令行窗口

在获取数据集之前，需要安装 TensorFlow 框架。首先打开 Anaconda Prompt 命令行窗口，如图 8-10 所示。

TensorFlow 的安装

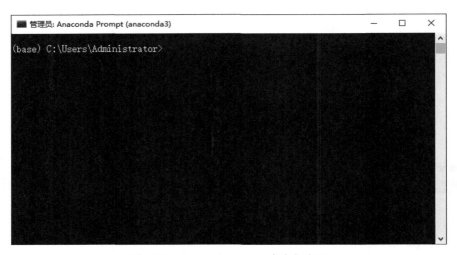

图 8-10　Anaconda Prompt 命令行窗口

2. 查看 Python 版本号

输入"python --version"即可查看 Python 版本号，如图 8-11 所示。

图 8-11　查看 Python 版本号

3. 创建 TF-FashionMnist 环境

按图 8-12 输入命令，即可创建 TF-FashionMnist 环境。

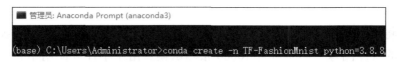

图 8-12　创建 TF-FashionMnist 环境

4. 激活 TF-FashionMnist 环境

按图 8-13 输入命令，即可激活 TF-FashionMnist 环境。

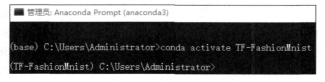

图 8-13　激活 TF-FashionMnist 环境

5. 安装 TensorFlow（CPU 版）、Matplotlib 和 Sklearn 库

使用下列三句命令安装 TensorFlow（CPU 版）、Matplotlib 和 Sklearn，其中 pip install tensorflow 默认情况下安装 CPU 版本，如果需要安装 GPU 版本则使用 pip install tensorflow-gpu。

```
pip install tensorflow
pip install matplotlib
pip install scikit-learn
```

6. 选择 TF-FashionMnist 环境

打开 Anaconda Navigator，在 "Application on" 下拉列表框中选择 TF-FashionMnist 环境，如图 8-14 所示。

图 8-14　选择 TF-FashionMnist 环境

步骤 2　使用 SVM 对高维数据进行分类

代码 8-2 使用了支持向量机处理多维数据，对多维数据进行分类，将 Fashion-MNIST 的 10 个类别进行分类。

【代码 8-2】

```
from tensorflow import keras
fashion_mnist = keras.datasets.fashion_mnist
(X_train, y_train), (X_test, y_test) = fashion_mnist.load_data()
# 数据集归一化
X_train = X_train / 255.0
X_test = X_test / 255.0
```

```
# 标签分类
label_names = ['T-shirt/top', 'Trouser', 'Pullover', 'Dress', 'Coat',
                'Sandal', 'Shirt', 'Sneaker', 'Bag', 'Ankle boot']
# 显示分类结果图
import matplotlib.pyplot as plt
plt.figure(figsize=(10,4))
for i in range(10):
    plt.subplot(2,5,i+1)
    plt.imshow(X_train[i], cmap=plt.cm.binary)
    plt.xlabel(label_names[y_train[i]])
# 转换数据类型
X_train = X_train.astype('float32')
X_test = X_test.astype('float32')
X_train_flat = X_train.reshape(X_train.shape[0], X_train.shape[1]* X_train.
shape[2])
X_test_flat = X_test.reshape(X_test.shape[0], X_test.shape[1] * X_test.
shape[2])
#SVC 建模，训练模型
from sklearn.svm import SVC
svc = SVC(C=1, kernel='linear', gamma="auto")
svc.fit(X_train_flat, y_train)
y_pred_svc = svc.predict(X_test_flat)
# 输出分类结果
from sklearn import metrics
Accuracy = metrics.accuracy_score(y_test, y_pred_svc)
CM = metrics.confusion_matrix(y_test, y_pred_svc)
print(" 准确率 : {}".format(Accuracy))
print(" 混淆矩阵 : \n", CM)
print(metrics.classification_report(y_test, y_pred_svc))
```

代码 8-2 首先导入数据集，并读取数据集的标签，通过 SVC 建模，训练模型，从而得出最终的分类结果。图片分类结果如图 8-15 所示。

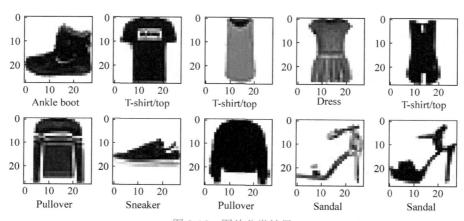

图 8-15　图片分类结果

输出结果如下。

```
F1 值：0.845599053028593
准确率：0.8463
混淆矩阵：
 [[815    2   13   45    4    1  108    0   12    0]
  [  6  962    2   22    3    0    4    0    1    0]
  [ 22    6  769    8  109    0   79    0    7    0]
  [ 54   15   19  842   27    0   40    0    3    0]
  [  1    2  114   33  773    0   72    0    5    0]
  [  1    0    0    1    0  936    0   38    3   21]
  [174    2  122   30   93    0  562    0   17    0]
  [  0    0    0    0    0   38    0  934    1   27]
  [ 12    1    8    8    2   15   25    4  925    0]
  [  0    0    0    0    0   15    1   39    0  945]]
```

	precision	recall	f1-score	support
0	0.75	0.81	0.78	1000
1	0.97	0.96	0.97	1000
2	0.73	0.77	0.75	1000
3	0.85	0.84	0.85	1000
4	0.76	0.77	0.77	1000
5	0.93	0.94	0.93	1000
6	0.63	0.56	0.59	1000
7	0.92	0.93	0.93	1000
8	0.95	0.93	0.94	1000
9	0.95	0.94	0.95	1000
accuracy			0.85	10000
macro avg	0.85	0.85	0.85	10000
weighted avg	0.85	0.85	0.85	10000

通过本任务的输出结果可知，SVM 算法可以实现多种类别的分类任务，并且还能将分类结果进行可视化显示。

任务 8-3　使用 SVM 回归算法预测曲线预测和波士顿房价

■ 任务描述

前面任务学习了 SVM 的使用方法以及实现流程，本任务使用支持向量机算法解决曲线预测、波士顿房价预测问题。

■ 任务目标

掌握支持向量机算法的基本实现步骤。

📇 **任务实施**

支持向量机算法在大多数情况下应用于分类问题，除此之外，它还可用于回归问题上。

> **步骤 1** 使用 SVM 回归算法预测曲线

代码 8-3 针对非线性数据，使用支持向量机回归算法来预测曲线。

【代码 8-3】

```
import numpy as np
X = np.sort(5 * np.random.rand(100, 1), axis=0)
y = np.sin(X).ravel()
y[::4] += 3 * (0.5 - np.random.rand(25))
# 设置不同的核函数
from sklearn.svm import SVR
RBF = SVR(kernel='rbf')
RBF_clf=RBF.fit(X,y).predict(X)
Linear = SVR(kernel='linear')
Linear_clf=Linear.fit(X,y).predict(X)
Poly = SVR(kernel='poly')
Poly_clf=Poly.fit(X,y).predict(X)
# 设置不同的核函数所输出的不同预测结果
import matplotlib.pyplot as plt
plt.scatter(X,y,c="black")
plt.plot(X,RBF_clf,c="blue")
plt.scatter(X,y,c="black")
plt.plot(X,Linear_clf,c="green")
plt.scatter(X,y,c="black")
plt.plot(X,Poly_clf,c="red")
```

输出的预测结果如图 8-16～图 8-18 所示。

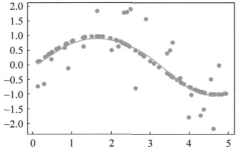

图 8-16　使用 SVR 的 rbf 核函数预测结果

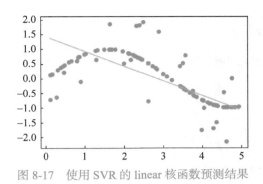

图 8-17　使用 SVR 的 linear 核函数预测结果

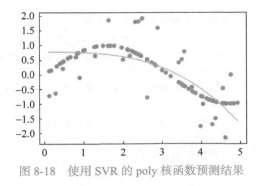

图 8-18　使用 SVR 的 poly 核函数预测结果

代码 8-3 使用了 SVR 的不同核函数，主要代码为 SVR(kernel='< 核函数名称 >')，其中设置了 'rbf'、'linear'、'poly' 三种核函数。

步骤2　使用 SVM 回归算法预测波士顿房价

代码 8-4 使用支持向量机回归算法预测波士顿房价。

【代码 8-4】

```python
from sklearn import datasets
data = datasets.load_boston()
X = data.data
y = data.target
# 划分数据集
from sklearn.model_selection import train_test_split
Xtrain,Xtest,Ytrain,Ytest=train_test_split(X, y, test_size=0.02)
from sklearn.preprocessing import StandardScaler
Std_X = StandardScaler()
# 数据统一标准化
Xtrain=Std_X.fit_transform(Xtrain)
Xtest=Std_X.transform(Xtest)
Std_y = StandardScaler()
# 获取目标值
Ytrain=Std_y.fit_transform(Ytrain.reshape(-1, 1))
Ytest=Std_y.transform(Ytest.reshape(-1, 1))
# 设置核函数的类型为 rbf
from sklearn.svm import SVR
RBF = SVR(kernel='rbf')
RBF_clf=RBF.fit(Xtrain,Ytrain).predict(Xtest)
# 设置核函数的类型为 linear
Linear = SVR(kernel='linear')
Linear_clf=Linear.fit(Xtrain,Ytrain).predict(Xtest)
# 设置核函数的类型为 poly
Poly = SVR(kernel='poly')
Poly_clf=Poly.fit(Xtrain,Ytrain).predict(Xtest)
```

```
# 输出核函数为 rbf 的结果
from sklearn import metrics
print(metrics.mean_squared_error(Ytest, RBF_clf))
print(RBF_clf)
# 输出核函数为 linear 的结果
from sklearn import metrics
print(metrics.mean_squared_error(Ytest, Linear_clf))
print(Linear_clf)
# 输出核函数为 poly 的结果
from sklearn import metrics
print(metrics.mean_squared_error(Ytest, Poly_clf))
print(Poly_clf)
```

输出结果如下。

```
0.03795017920613611
[2.76905336 -0.80318644  0.52389719 -0.52797209 -0.87367903  0.73735352
 1.04551702  1.29927286  0.07266811 -0.29264133  0.00856511]
0.12110228836702991
[2.19241826 -0.76325414  0.62935601 -0.28970941 -1.14379274  0.95476249
 1.07098262  1.25435436  0.61985103 -0.31138358  0.11344282]
0.23674137853149116
[4.238507   -0.55361369  0.51053733 -0.1271334  -0.81925754  0.90327477
 1.31654422  0.74636943  0.24956165 -0.10726398 -0.0060541]
```

由如上结果可以看出，使用不同的核函数的结果差别较大，其中使用 RBF 核函数的效果最好。

◆ 项 目 小 结 ◆

在本项目中，重点介绍了支持向量机的基本原理，同时采用多项任务来具体实现支持向量机的分类功能，并使用支持向量机解决高维度数据分类问题。

◆ 练 习 题 ◆

一、选择题

1. 支持向量机可以用来处理（   ）问题。

    A. 回归　　　　　　　　　　B. 分类

    C. 聚类　　　　　　　　　　D. 回归与分类

2. 逻辑回归与支持向量机的数学上的本质区别是（   ）。

    A. 是否有核函数　　　　　　B. 损失函数

    C. 是否支持多分类　　　　　D. 是否可以处理连续数据

3. 关于支持向量机的描述中错误的是（　　　）。

    A. 属于监督学习　　　　　　　　　B. 可以处理多分类的问题

    C. 是一种生成式模型　　　　　　　D. 是一种判别式模型

4. 线性 SVM 与非线性 SVM 相比，其特点有（　　　）。

    A. 模型简单　　　　　　　　　　　B. 准确率高

    C. 计算速度快　　　　　　　　　　D. 模型简单

二、简答题

1. 简述支持向量机的原理、种类。

2. 简述支持向量机中核函数的作用。

3. 选择一组数据，分别使用支持向量回归和逻辑回归进行回归分析。

4. 使用与本书中不同的核函数对 Fashion-MNIST 数据集进行分类。

项目9

基于神经网络算法实现曲线拟合

项目导读

　　人工神经网络（Artificial Neural Network，ANN）是深度学习算法的重要组成部分，它在许多领域都发挥了至关重要的作用，目前已经被众多研究学者广泛学习使用。人工神经网络最初的目的是学习人类大脑的功能，研究者通过生物神经网络的启发创造出人工神经网络。目前人工神经网络应用范围很广，大量实践证明了单层和多层神经网络产生的性能优势，研究者通过优化网络结构和调整多种超参数来增强人工神经网络的鲁棒性。

学习目标

➤ 理解人工神经网络的基本原理。

➤ 掌握人工神经网络的实现步骤。

➤ 熟练使用人工神经网络处理分类问题。

 知识导图

```
                                    ┌── 人工神经网络的概念
                                    │── 了解单层与多层网络
                  人工神经网络反向传播计算 ┤── 认识常用激活函数
基于神经                               │── 了解权重调整训练过程
网络算法                               └── 权重调整训练
实现曲线 ┤── 使用人工神经网络算法拟合函数
  拟合
         └── 使用人工神经网络算法实现鸢尾花分类
```

任务 9-1　人工神经网络反向传播计算

■ **任务描述**

理解人工神经网络的具体定义和基本原理，使用人工神经网络算法解决反向传播计算问题。

■ **任务目标**

掌握人工神经网络算法的基本实现步骤。

 **知识准备**

ANN 算法概述

人工神经网络旨在模拟人脑分析和处理信息的方式，是人工智能（Artificial Intelligence，AI）的基础，可以解决人类或统计标准证明不可能或难以解决的问题。人工神经网络具有自主学习能力，能够在获得更多数据时产生更好的结果。

人工神经网络发展前景

人工神经网络从信息处理的角度对人脑神经元网络进行抽象，建立模型，神经元节点像网络一样相互连接。人脑有数千亿个称为神经元的细胞，每个神经元由一个细胞体组成，细胞体负责通向大脑（输入）和远离（输出）大脑来处理信息。

人工神经网络有成百上千个称为处理单元的人工神经元，它们通过节点相互连接。这些处理单元由输入单元和输出单元组成。输入单元基于内部加权系统接收各种形式和结构的信息，神经网络尝试了解所呈现的信息来生成一份输出报告。就像人类需要规则和指南来得出结果或输出一样，人工神经网络也使用一组称为反向传播的学习规则来完善其输出结果。

人工神经网络最初会经历一个训练阶段，在这个阶段它学会识别数据中的模式，无论是视觉上、听觉上还是文本上。在这个监督阶段，网络将其实际产生的输出与预期产生的输出进行比较。两种结果之间的差异使用反向传播进行调整。这意味着网络向后工作，从输出单元到输入单元来调整单元之间连接的权重，直至实际结果和期望结果之间的差异产生尽可能低的误差。

基于 ANN 算法的人工智能平台正在颠覆传统的办公方式。从网页翻译成其他语言，到让虚拟助手在线订购杂货，再到与聊天机器人对话解决问题，人工智能平台正在简化交易，并以很低的成本让所有人都能获得服务。

人工神经网络已应用于几乎所有操作领域。电子邮件服务提供商使用 ANN 算法来检测和删除用户收件箱中的垃圾邮件；财务经理用它来预测公司股票的走势；信用评级公司使用它来改进公司的信用评分方法；电子商务平台使用它向受众提供个性化推荐；ANN 算法还可以预测事件发生的可能性。

任务实施

本任务主要围绕人工神经网络的基本原理展开介绍，其中，包括人工神经网络概述、应用场景、不同层数的人工神经网络和常用的激活函数等。

BP 神经网络 .py

步骤 1　了解单层与多层网络

人工神经网络中需要计算的层次称为计算层，拥有一个计算层的称为单层人工神经网络，如图 9-1 所示。其中，x_i 为输入，w_i 为权重。单层人工神经网络只包含输入层和输出层，输入层用于数据的传输，不作计算，输出层则是对前面一层的输入进行计算。

多层人工神经网络是指包含计算层的网络，比单层神经网络多了隐含层，如图 9-2 所示。

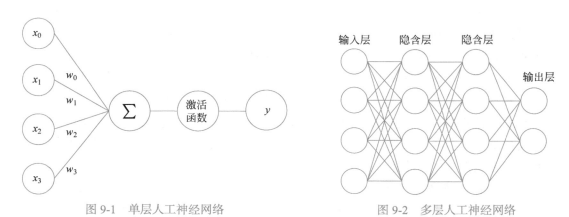

图 9-1　单层人工神经网络　　　　　　图 9-2　多层人工神经网络

神经网络中的激活函数用于改变数据的线性关系，这样可以增强神经网络的拟合能力。如果隐含层的个数超过 1，则称为深度人工神经网络。

步骤 2　认识常用激活函数

ANN 算法常用的激活函数有 tanh、ReLU、Leaky ReLU 和 Sigmoid。

tanh 激活函数如下：

$$f(x) = \frac{2}{1 + e^{-2x}} - 1$$

ReLU 激活函数如下：

$$f(x) = \begin{cases} 0, & x < 0 \\ x, & x \geqslant 0 \end{cases}$$

Leaky ReLU 激活函数如下：

$$f(x) = \begin{cases} 0.01x, & x < 0 \\ x, & x \geqslant 0 \end{cases}$$

Sigmoid 激活函数的形式如下：

$$f(x) = \frac{1}{1 + e^{-x}}$$

步骤 3 了解权重调整训练过程

权重求解的过程如下。

（1）网络初始化。

（2）前向传播。

（3）残差计算。

（4）更新权重。

（5）返回至（1），直至达到退出条件（误差或者迭代次数达到上限）。

权重调整训练是根据误差并通过反向传播完成的，常见的误差计算公式如下：

$$L = \frac{1}{2} \sum_{i=1}^{n} (y_i - \hat{y}_i)$$

步骤 4 权重调整训练

在此实例中，使用到的网络结构信息如图 9-3 所示，激活函数为 Sigmoid，学习率 η 为 0.1。

1. 前线传播过程

（1）输入层到隐含层的节点间计算。

$$\mathrm{ha_{in}} = w_{11} \cdot x = 0.6 \times 0.1 = 0.06$$

$$\mathrm{hb_{in}} = w_{12} \cdot x = 0.3 \times 0.1 = 0.03$$

$$\mathrm{ha_{out}} = \frac{1}{1 + \exp(-\mathrm{ha_{in}})} = 0.5150$$

$$\mathrm{hb_{out}} = \frac{1}{1 + \exp(-\mathrm{hb_{in}})} = 0.5075$$

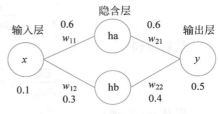

图 9-3 训练使用的网络

（2）隐含层到输出层的节点间计算。

$$y_{in} = [w_{21} \quad w_{22}] \cdot \begin{bmatrix} ha_{out} \\ hb_{out} \end{bmatrix} = w_{21} \cdot ha_{out} + w_{22} \cdot hb_{out}$$

$$= 0.6 \times 0.5150 + 0.4 \times 0.5075 = 0.5120$$

$$y_{out} = \frac{1}{1 + \exp(-y_{in})} = 0.6253$$

$$L = \frac{1}{2}(y_{out} - y)^2 = 0.0079$$

2. 反向传播过程

（1）输出层到隐含层参数更新。

$$\frac{\partial L}{\partial w_{21}} = \frac{\partial L}{\partial y_{out}} \cdot \frac{\partial y_{out}}{\partial y_{in}} \cdot \frac{\partial y_{in}}{\partial w_{21}}$$

计算 $\dfrac{\partial L}{\partial y_{out}}$：

$$L = \frac{1}{2}(y_{out} - y)^2$$

$$\frac{\partial L}{\partial y_{out}} = -(y - y_{out}) = -(0.5 - 0.6253) = 0.1253$$

计算 $\dfrac{\partial y_{out}}{\partial y_{in}}$：

$$y_{out} = \frac{1}{1 + \exp(-y_{in})}$$

$$\frac{\partial y_{out}}{\partial y_{in}} = y_{out}(1 - y_{out}) = 0.6253 \times (1 - 0.6253) = 0.2345$$

计算 $\dfrac{\partial y_{in}}{\partial w_{21}}$：

$$y_{in} = w_{21} \cdot ha_{out} + w_{22} \cdot hb_{out}$$

$$\frac{\partial y_{in}}{\partial w_{21}} = ha_{out} = 0.5150$$

最后得到

$$\frac{\partial L}{\partial w_{21}} = 0.1253 \times 0.2345 \times 0.5150 = 0.0151$$

更新 w_{21} 的值：

$$w_{21} = w_{21} - \eta \cdot \frac{\partial L}{\partial w_{21}} = 0.6 - 0.1 \times (0.0151) = 0.5985$$

w_{21} 与 w_{22} 求解方法一样，这里不做过多讲解。

（2）隐含层到输入层参数更新。

$$\frac{\partial L}{\partial w_{11}} = \frac{\partial L}{\partial \mathrm{ha_{out}}} \cdot \frac{\partial \mathrm{ha_{out}}}{\partial \mathrm{ha_{in}}} \cdot \frac{\partial \mathrm{ha_{in}}}{\partial w_{11}}$$

计算 $\dfrac{\partial L}{\partial \mathrm{ha_{out}}}$：

$$\frac{\partial L}{\partial \mathrm{ha_{out}}} = \frac{\partial L}{\partial y_{\mathrm{in}}} \cdot \frac{\partial y_{\mathrm{in}}}{\partial \mathrm{ha_{out}}}$$

已知 $\dfrac{\partial L}{\partial y_{\mathrm{in}}} = 0.1253 \times 0.2343$

$$y_{\mathrm{in}} = w_{21} \cdot \mathrm{ha_{out}} + w_{22} \cdot \mathrm{hb_{out}}$$

$$\frac{\partial y_{\mathrm{in}}}{\partial \mathrm{ha_{out}}} = w_{21}$$

$$\frac{\partial L}{\partial \mathrm{ha_{out}}} = \frac{\partial L}{\partial y_{\mathrm{in}}} \cdot \frac{\partial y_{\mathrm{in}}}{\partial \mathrm{ha_{out}}} = 0.1253 \times 0.2345 \times 0.6 = 0.0176$$

计算 $\dfrac{\partial \mathrm{ha_{out}}}{\partial \mathrm{ha_{in}}}$：

$$\mathrm{ha_{out}} = \frac{1}{1 + \exp(-\mathrm{ha_{in}})}$$

$$\frac{\partial \mathrm{ha_{out}}}{\partial \mathrm{ha_{in}}} = \mathrm{ha_{out}} \cdot (1 - \mathrm{ha_{out}}) = 0.5150 \times (1 - 0.5150) = 0.2498$$

计算 $\dfrac{\partial \mathrm{ha_{in}}}{\partial w_{11}}$：

$$\mathrm{ha_{in}} = w_{11} \cdot x = 0.6 \times 0.1 = 0.06$$

$$\frac{\partial \mathrm{ha_{in}}}{\partial w_{11}} = x = 0.1$$

综上所述，

$$\frac{\partial L}{\partial w_{11}} = \frac{\partial L}{\partial \mathrm{ha_{out}}} \cdot \frac{\partial \mathrm{ha_{out}}}{\partial \mathrm{ha_{in}}} \cdot \frac{\partial \mathrm{ha_{in}}}{\partial w_{11}} = 0.0176 \times 0.2498 \times 0.1 = 0.0004$$

更新 w_{11} 的值

$$w_{11} = w_{11} - \eta \cdot \frac{\partial L}{\partial w_{21}} = 0.6 - 0.1 \times (0.0004) = 0.6000$$

w_{12} 的更新办法和 w_{11} 相同，更新完 4 个超参数之后，就完成了误差反向传播；接着使用新的权重重新进行前向传播，继续迭代训练，最终获得训练好的模型并保存。

任务 9–2　使用人工神经网络算法拟合函数

■ **任务描述**

根据前面所理解的人工神经网络的基础知识，使用人工神经网络算法拟合函数。

■ **任务目标**

掌握人工神经网络拟合函数的要点。

任务实施

首先拟合第一个函数——抛物线，方程式为 $y = x^2$，函数图形如图 9-4 所示。

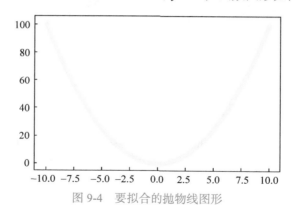

图 9-4　要拟合的抛物线图形

【代码 9-1】

```
import numpy as np
X = np.linspace(-10, 10, 400)
X_new = X.reshape(-1,1)
y = X*X + 1*np.random.rand(len(X))
# 初始化模型对象
from sklearn.neural_network import MLPRegressor
MLP = MLPRegressor(alpha=1e-6,hidden_layer_sizes=(10, 20), random_state=10,
                max_iter=100000,activation='relu')
MLP.fit(X_new,y)
y_new = MLP.predict(X_new)
# 绘制抛物线
import matplotlib.pyplot as plt
plt.scatter(X,y,c="grey")
plt.plot(X_new,y_new,c="black")
```

```
# 计算均方误差
from sklearn.metrics import mean_squared_error
print(mean_squared_error(y,y_new))
```

代码 9-1 输出的图形如图 9-5 所示。其中灰线为原始目标数据，黑线为预测数据。均方误差为 0.5534671907156201，该模型可以有效地进行抛物线逼近拟合。

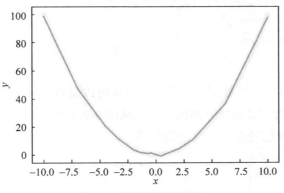

图 9-5　拟合抛物线结果

拟合第二个函数，方程式为 $y=\cos x$，神经网络参数配置如下。

```
y = np.sin(X) + 0.3*np.random.rand(len(X))
MLP = MLPRegressor(
    alpha=1e-6,
    hidden_layer_sizes=(10, 20),
    random_state=10,
    max_iter=100000,
    activation='relu'
)
```

修改代码 9-1，运行结果如图 9-6 所示。对不同的函数，需要的模型拟合能力是不同的。

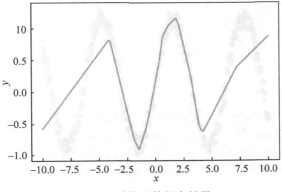

图 9-6　系统函数拟合结果

对于抛物线的拟合，将隐含层大小设置为 hidden_layer_sizes（2, 2），对应的程序修改如下。

```
MLP = MLPRegressor(
      alpha=1e-6,
      hidden_layer_sizes=(2, 2),
      random_state=10,
      max_iter=100000,
      activation='relu'
)
```

重新运行代码 9-1，结果如图 9-7 所示。明显可以发现，减小隐含层大小后的拟合效果变差了，均方误差为 11.320189326103405。从图 9-7 中可以看出，拟合的结果并没有之前平滑，由此说明隐含层越少，拟合的效果越差。

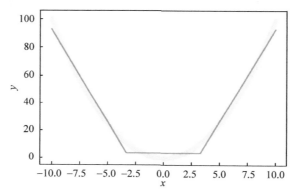

图 9-7　调整参数之后的抛物线拟合结果

输出训练后得到每层的权重参数，第一层为 2 个参数，第二层为 $2 \times 2=4$ 个参数，最后一层为 2 个参数。

```
layer = 0
for w in MLP.coefs_:
    cengindex += 1
    print(layer, w.shape, w)
```

输出结果如下。

```
0 (1, 2) [[ 1.99537275          -1.84565219]]
0 (2, 2) [[-2.27061811e-06      1.63467648e+00]
         [-7.48914833e-04      1.76601096e+00]]
0 (2, 1) [[4.61343773e-04]     [4.08913520e+00]]
```

任务 9-3 使用人工神经网络算法实现鸢尾花分类

■ **任务描述**

前面的项目中对鸢尾花数据集作了详细的介绍,可以使用多种不同的算法对其分类。本任务使用人工神经网络算法解决鸢尾花分类问题。

■ **任务目标**

掌握用人工神经网络算法实现鸢尾花分类的基本步骤。

 任务实施

根据前面讲解的人工神经网络的基础知识,使用人工神经网络实现鸢尾花分类。

【代码 9-2】

```
from sklearn import datasets
iris = datasets.load_iris()
X = iris.data
y = iris.target
# 数据集划分
from sklearn.model_selection import train_test_split
X_train, X_test, y_train, y_test = train_test_split(X, y, test_size = 0.25)
# 数据归一化
from sklearn.preprocessing import StandardScaler
scaler = StandardScaler()
X_train = scaler.fit_transform(X_train)
X_test = scaler.transform(X_test)
# 训练模型
from sklearn.neural_network import MLPClassifier
MLP = MLPClassifier(hidden_layer_sizes=(20,8), max_iter=100000)
MLP.fit(X_train,y_train)
y_predict = MLP.predict(X_test)
# 输出分类结果
from sklearn.metrics import roc_curve, roc_auc_score, classification_report,
accuracy_score, confusion_matrix
train_accuracy = accuracy_score(y_test, y_predict)*100
print(' 混淆矩阵 :\n', confusion_matrix(y_test, y_predict))
print(train_accuracy)
from sklearn.metrics import classification_report
print(classification_report(y_test, y_predict))
```

输出结果如下。

```
混淆矩阵：
 [[19  0  0]
  [ 0 10  0]
  [ 0  0  9]]
100.0
              precision    recall  f1-score   support

           0       1.00      1.00      1.00        19
           1       1.00      1.00      1.00        10
           2       1.00      1.00      1.00         9

    accuracy                           1.00        38
   macro avg       1.00      1.00      1.00        38
weighted avg       1.00      1.00      1.00        38
```

上述代码主要经过数据集划分、数据归一化、训练模型和输出结果这几个主要流程。继续更改隐含层数量，来观察一下对结果产生的影响，隐含层大小设置为（20，3）。

```
MLP = MLPClassifier(
    hidden_layer_sizes=(20,3),
    max_iter=100000
)
```

输出结果如下。

```
混淆矩阵：
 [[10  0  0]
  [ 0 12  1]
  [ 0  1 14]]
94.73684210526315
              precision    recall  f1-score   support

           0       1.00      1.00      1.00        10
           1       0.92      0.92      0.92        13
           2       0.93      0.93      0.93        15

    accuracy                           0.95        38
   macro avg       0.95      0.95      0.95        38
weighted avg       0.95      0.95      0.95        38
```

设置隐含层大小为（10，3）。

```
MLP = MLPClassifier(
    hidden_layer_sizes=(10,3),
    max_iter=100000
)
```

输出结果如下。

```
混淆矩阵：
 [[16  0  0]
  [ 0 10  1]
  [ 0  0 11]]
97.36842105263158
              precision    recall  f1-score   support

           0       1.00      1.00      1.00        16
           1       1.00      0.91      0.95        11
           2       0.92      1.00      0.96        11

    accuracy                           0.97        38
   macro avg       0.97      0.97      0.97        38
weighted avg       0.98      0.97      0.97        38
```

由如上结果可知，设置不同的隐含层大小获得的结果也不尽相同。

◆ 项 目 小 结 ◆

本项目首先介绍了人工神经网络基本原理，前向传播与反向传播的具体计算；其次通过人工神经网络来拟合曲线，并更改网络参数来观察对拟合曲线的影响；最后将其用于鸢尾花的分类案例中。

◆ 练 习 题 ◆

一、选择题

1. 以下说法中正确的是（　　　　）。

　　A. 一个神经元可以有一个输入和一个输出

　　B. 一个神经元可以有多个输入和一个输出

　　C. 一个神经元可以有一个输入和多个输出

　　D. 一个神经元可以有多个输入和多个输出

　　E. 上述都正确

2. 在神经网络中，求解每一个神经元的权重和偏差是最重要的一步，以下（　　　　）可以获得神经元的权重和偏移。

　　A. 穷举法，直到得到最佳值

　　B. 赋予一个初始值，然后根据误差使用反向传播方法不断迭代调整权重

　　C. 随机赋值

　　D. 以上都不正确

3. 现在需要计算 3 个矩阵 A、B、C 的乘积 ABC，假设三个矩阵的维度分别为 $m \times n$, $n \times p$, $p \times q$，且 $m < n < p < q$，以下计算顺序效率最高的是（　　　）。

A.$(AB)C$ B.$AC(B)$

C.$A(BC)$ D. 所有效率都相同

4. 为了避免神经网络陷入局部最小值里，可以采取（　　　）策略。

A. 动态调整学习率

B. 一开始将学习率降至原来的 1/10，然后用动量项（momentum）

C. 增加参数数目

D. 以上都不对

5. Sklearn 库中用于神经网络回归和分类的函数分别是（　　　）和（　　　）。

A. MLPClassifier   B. MLPRegressor

C. DecisionTreeClassifier   D. DecisionTreeRegressor

二、简答题

1. 简述人工神经网络的使用场景。

2. 简述人工神经网络权重调整训练的过程。

3. 写出 Sigmoid 函数，并对其进行求导。

4. 写出 3 个常见的神经网络激活函数。

項目10

基于 AdaBoost 算法的应用实践

 项目导读

AdaBoost（Adaptive Boosting，自适应提升）是一种非常典型的提升（Boosting）算法，属于迭代增强算法。AdaBoost 的基本思想是在同一个数据集下训练出多个弱学习器，将多个弱学习器集成起来组合成一个强分类器，即充分利用多个弱学习器的优势组合成一个强学习器。一般情况下，在训练过程中需要进行多次迭代，每一次迭代都会改变样本的概率分布，通过突出样本的权值来更好地进行下一次迭代训练。

学习目标

➢ 掌握 AdaBoost 算法的基本原理。
➢ 掌握 AdaBoost 算法的分类实现步骤。
➢ 掌握 AdaBoost 算法的回归实现步骤。

知识导图

```
                        ┌ 使用AdaBoost算法原理知识进    ┌ 了解AdaBoost算法的步骤
                        │ 行分类器计算                  ┤ 了解AdaBoost算法的特点
                        │                              └ 使用AdaBoost算法实现分类器计算
  基于AdaBoost ┤
  算法的应用实践          ├ 使用AdaBoost算法实现鸢尾花分类问题 ┤ 使用决策树分类器实现鸢尾花分类
                        │                                  └ 使用SVM分类器实现鸢尾花分类
                        ├ 使用AdaBoost算法实现人脸识别
                        └ 使用AdaBoost算法实现曲线预测
```

任务 10-1 使用 AdaBoost 算法原理知识进行分类器计算

■ **任务描述**

首先了解 AdaBoost 算法的基本原理，其次通过 AdaBoost 算法实现分类器计算。

■ **任务目标**

掌握分类器计算的基本实现步骤。

知识准备

认识 AdaBoost 算法

AdaBoost 是一种集成学习算法，可用于分类或回归。虽然 AdaBoost 比多数机器学习算法更能防止过拟合，但它对噪声很敏感。

AdaBoost 之所以称为自适应，是因为它使用多次迭代来生成单个复合强学习器。AdaBoost 通过迭代添加弱分类器（与真实分类器仅略微相关的分类器）来创建强学习器（与真实分类器相关性良好的分类器）。在每一轮训练中，一个新的弱学习器被添加到集合中，并调整一个权重向量以关注在前几轮被错误分类的例子。最终结果比弱学习器具有更高的准确度。AdaBoost 算法的基本思想如图 10-1 所示。

AdaBoost 算法基本原理

集成学习结合了多种出色算法，从而形成一种优化的预测算法。集成方法不是希望在一个决策树上做出正确的调用，而是采用几种不同的树并将它们聚合成一个最终的、强大的预测器。

图 10-1 AdaBoost 算法的基本思想

任务实施

本节主要围绕 AdaBoost 算法的基本原理进行阐述，主要包括 AdaBoost 算法的基本概述、AdaBoost 算法的实现步骤、AdaBoost 算法的特点，并通过具体的例子来解释 AdaBoost 算法的原理。

步骤 1 了解 AdaBoost 算法的步骤

AdaBoost 算法的实现步骤如下。

（1）初始化权值。

（2）使用权值来进行训练集数据学习，得到基础分类器 $G_m(x)$。（下标 m 表示轮数，第 1 轮为 1，第 2 轮为 2，…）

（3）计算 $G_m(x)$ 在训练集上的分类误差率。

（4）计算 $G_m(x)$ 在最终分类器中的重要程度。

（5）更新训练集的权值，用于下一轮迭代。

（6）继续迭代，直到满足迭代停止条件。

步骤 2 了解 AdaBoost 算法的特点

AdaBoost 是一种比较容易实现的算法，它通过组合弱学习器迭代地纠正弱分类器的错误并提高准确度。同时可以在 AdaBoost 中设置多个基本分类器，而且 AdaBoost 拥有不容易过拟合的特点。

AdaBoost 对噪声很敏感。它受异常值的影响很大，因为它试图完美地拟合每个点。

步骤 3 使用 AdaBoost 算法实现分类器计算

假设训练集中有 10 个样本，如表 10-1 所示。

表 10-1 AdaBoost 算法训练集

x	1	2	3	4	5	6	7	8	9	10
y	1	1	1	−1	−1	−1	1	1	1	−1

首先，初始化权值。每个样本的权重都相同，均为 0.1，权重向量 $D_1 = [0.1, 0.1, 0.1, 0.1, 0.1, 0.1, 0.1, 0.1, 0.1, 0.1]$。

假设有 3 个分类器，具体如下。

$$f_1(x) = \begin{cases} 1, & x \leqslant 3.5 \\ -1, & x > 3.5 \end{cases}$$

$$f_2(x) = \begin{cases} -1, & x \leqslant 6.5 \\ 1, & x > 6.5 \end{cases}$$

$$f_3(x) = \begin{cases} 1, & x \leqslant 9.5 \\ -1, & x > 9.5 \end{cases}$$

3 个分类器的结果如表 10-2 所示，分类器 1 的误差率为 0.3，分类器 2 的误差率为 0.4，分类器 3 的误差率为 0.3。

表 10-2　分类结果

x	1	2	3	4	5	6	7	8	9	10
y	1	1	1	−1	−1	−1	1	1	1	−1
$f_1(x)$	1	1	1	−1	−1	−1	−1	−1	−1	−1
$f_2(x)$	−1	−1	−1	−1	−1	−1	1	1	1	1
$f_3(x)$	1	1	1	1	1	1	1	1	1	−1

在 3 个分类器中，分类器 2 的误差率最高，分类器 1 与分类器 3 的误差率相同，因此按照规则，选择分类器 1 或分类器 3 为最佳分类器。

本任务选择分类器 3 作为基础分类器。

对于二元分类问题，第 i 轮弱分类器的权重为

$$\lambda_i = \frac{1}{2} \log \frac{1 - e_i}{e_i}$$

式中，e_i 表示第 i 轮分类器的分类误差率。第 1 轮分类器 3 的误差率为 3，于是

$$\lambda_1 = \frac{1}{2} \log \frac{1 - e_1}{e_1} = \frac{1}{2} \log \frac{1 - 0.3}{0.3} = 0.4236$$

分类器 $G_1(x)$ 为

$$G_1(x) = \lambda_1 f_3(x) = 0.4236 f_3(x)$$

下面更新权值，假设第 k 轮弱分类器的权重向量为 $\boldsymbol{D}_k = [w_{k1}, w_{k2}, \cdots, w_{k10}]$，则第 $k+1$ 轮分类器的权重为

$$w_{k+1, i} = \frac{w_{k, i}}{Z_k} \exp(-\lambda_k y_i G_k(x_i)), \quad i = 1, 2, \cdots, 10$$

式中，Z_k 为规范化因子，且

$$Z_k = \sum_{i=1}^{10} w_{k, i} \exp(-y_i \lambda_k G_k(x_i))$$

于是，在第 2 轮中

$$\begin{aligned}
Z_1 &= \sum_{i=1}^{10} w_{1, i} \exp(-y_i \lambda_1 G_1(x_i)) \\
&= \sum_{i=1}^{3} 0.1 \times \exp(-[1 \times 0.4236 \times 1]) + \sum_{i=4}^{6} 0.1 \times \exp(-[(-1) \times 0.4236 \times 1]) \\
&\quad + \sum_{i=4}^{9} 0.1 \times \exp(-[1 \times 0.4236 \times 1]) + 0.1 \times \exp(-[(-1) \times 0.4236 \times (-1)]) \\
&= 7 \times 0.1 \times \exp(-0.4236) + 3 \times 0.1 \times \exp(0.4236)
\end{aligned}$$

其中，$0.1 \times \exp(-0.4236) = 0.0655$，$0.1 \times \exp(0.4236) = 0.1527$，因此

$$Z_1 = 7 \times 0.0655 + 3 \times 0.1527 = 0.9165$$

则

$$w_{2,i} = \frac{w_{1,i}}{Z_1} \exp(-\lambda_1 y_i G_1(x_i)) = \frac{0.1}{0.9165} \exp(-[1 \times 0.4236 \times 1])$$

$$= 0.071\,43, \quad i = 1,2,3$$

$$w_{2,i} = \frac{0.1}{0.9165} \exp(-[(-1) \times 0.4236 \times 1]) = 0.166\,66, \quad i = 4,5,6$$

$$w_{2,i} = \frac{0.1}{0.9165} \exp(-[1 \times 0.4236 \times 1]) = 0.071\,43, \quad i = 7,8,9$$

$$w_{2,i} = \frac{0.1}{0.9165} \exp(-[(-1) \times 0.4236 \times (-1)]) = 0.071\,43, \quad i = 10$$

第 2 轮权重向量为 $\boldsymbol{D}_2 = [0.07143,0.07143,0.07143,0.16666,0.16666,0.16666,$ $0.07143,0.07143,0.07143,0.07143]$，显而易见，被错误分类的数据的权重变大了，而被正确分类的数据的权重变小了。

重复以上步骤两次，选择 3 个弱分类器，最终组成一个强分类器。

$$G(x) = \mathrm{sign}(0.7514 \times G_1(x) + 0.6496 \times G_2(x) + 0.4236 \times G_3(x))$$

任务 10-2　使用 AdaBoost 算法实现鸢尾花分类问题

■ **任务描述**

根据所学习 AdaBoost 算法的基本原理，使用 AdaBoost 算法处理鸢尾花分类问题。

■ **任务目标**

掌握使用 AdaBoost 算法实现鸢尾花分类的基本步骤。

 任务实施

本任务主要是采用 AdaBoost 算法实现实现鸢尾花分类问题，通过使用具体案例来深入讲解 AdaBoost 的原理知识，包括决策树分类器和 SVM 分类器。

步骤 1　使用决策树分类器实现鸢尾花分类

AdaBoostClassifier 函数中默认的分类器为决策树分类器，使用决策树分类器对鸢尾花数据集进行分类的具体代码如下。

【代码 10-1】

```
from sklearn import datasets
iris = datasets.load_iris()
X = iris.data
y = iris.target
# 数据集划分
from sklearn.model_selection import train_test_split
X_train, X_test, y_train, y_test = train_test_split(X, y, test_size=0.3)
# 建立模型，训练模型
from sklearn.ensemble import AdaBoostClassifier
Boosting = AdaBoostClassifier(n_estimators=50,learning_rate=1)
model = Boosting.fit(X_train, y_train)
y_pred = model.predict(X_test)
# 输出分类结果
from sklearn import metrics
print(" 准确率为 :",metrics.accuracy_score(y_test, y_pred))
print(metrics.classification_report(y_test, y_pred))
print(metrics.confusion_matrix(y_test, y_pred))
```

输出结果如下。

```
准确率为 : 0.9333333333333333
              precision    recall    f1-score    support

           0       1.00      1.00        1.00         12
           1       1.00      0.82        0.90         17
           2       0.84      1.00        0.91         16

    accuracy                             0.93         45
   macro avg       0.95      0.94        0.94         45
weighted avg       0.94      0.93        0.93         45

[[12  0  0]
 [ 0 14  3]
 [ 0  0 16]]
```

由如上结果中明显可以看出，当使用默认的决策树分类器时，分类的准确率为 0.93。代码中，train_test_split 函数用于将数据集随机划分为训练集和测试集。AdaBoostClassifier（n_estimators=50，learning_rate=1）中 n_estimators 表示弱学习器的最大个数，learning_rate 表示每个弱学习器的权重缩减系数。

步骤 2　使用 SVM 分类器实现鸢尾花分类

使用 SVM 分类器进行分类，具体实现代码如下。

【代码 10-2】

```
from sklearn import datasets
iris = datasets.load_iris()
X = iris.data
y = iris.target
# 数据集划分
from sklearn.model_selection import train_test_split
X_train, X_test, y_train, y_test = train_test_split(X, y, test_size=0.3)
# 建立 SVM 分类模型，训练模型
from sklearn.svm import SVC
from sklearn.ensemble import AdaBoostClassifier
svc=SVC(probability=True, kernel='linear')
Boosting=AdaBoostClassifier(n_estimators=50, base_estimator=svc, learning_
rate=1)
model = Boosting.fit(X_train, y_train)
y_pred = model.predict(X_test)
# 输出分类结果
from sklearn import metrics
print(" 准确率为 :", metrics.accuracy_score(y_test, y_pred))
print(metrics.classification_report(y_test, y_pred))
print(metrics.confusion_matrix(y_test, y_pred))
```

输出结果如下。

```
准确率为： 0.9777777777777777
              precision    recall   f1-score   support

          0       1.00      1.00      1.00        16
          1       0.93      1.00      0.96        13
          2       1.00      0.94      0.97        16

   accuracy                           0.98        45
  macro avg       0.98      0.98      0.98        45
weighted avg      0.98      0.98      0.98        45

[[16  0  0]
 [ 0 13  0]
 [ 0  1 15]]
```

由如上输出结果可以看出，SVC 分类器的准确率为 0.98。显然，选取不同的弱分类器，会对输出结果造成一定的影响，并且 SVC 分类器比决策树分类器的准确率更高。

任务 10-3　使用 AdaBoost 算法实现人脸识别

■ **任务描述**

　　使用 AdaBoost 算法处理人脸识别问题。

■ **任务目标**

　　掌握 AdaBoost 算法实现人脸识别的基本步骤。

任务实施

　　本任务采用人脸数据集 LFW 进行实验，该数据集一共包含 13233 张人脸图片，每个人脸图片的原始大小为 62×47 像素，共 7 个人（7 个类别）。图 10-2 是 LFW 数据集中的部分图片。

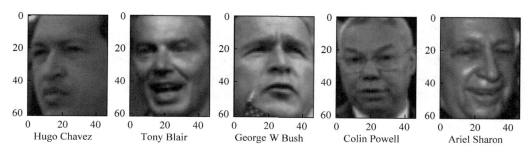

图 10-2　LFW 人脸数据集中的部分图片

　　本任务从每个类别中选择 70 张图片进行测试，具体实现代码如下。

【代码 10-3】

```
# 第一步：装载数据
from sklearn.datasets import fetch_lfw_people
Data = fetch_lfw_people(min_faces_per_person=70)
X=Data.data
n_features=x.shape[1]
y=Data.target
target_names=Data.target_names
# 第二步：显示数据
import matplotlib.pyplot as plt
plt.figure(figsize=(10,5))
for i in range(5):
```

```
        plt.subplot(1,5,i+1)
        plt.imshow(X[i].reshape(62,47))
        plt.xlabel(target_names[y[i]])
# 第三步：数据集划分
from sklearn.model_selection import train_test_split
X_train,X_test,y_train,y_test = train_test_split(X, y, test_size=0.6)
# 第四步：对数据集进行降维处理
from sklearn.decomposition import PCA
PCA=PCA(n_components=100).fit(X_train)
X_train_pca = PCA.transform(X_train)
X_test_pca = PCA.transform(X_test)
# 第五步：使用 KNN 进行分类
from sklearn.neighbors import KNeighborsClassifier
knn = KNeighborsClassifier()
knn.fit(X_train_pca, y_train)
# 第六步：使用 AdaBoost 进行分类
from sklearn.ensemble import AdaBoostClassifier
Ada_DTC = AdaBoostClassifier(n_estimators=100, learning_rate=0.2)
Ada_DTC.fit(X_train_pca,y_train)
# 第七步：使用 SVC 进行分类
from sklearn.svm import SVC
svc=SVC(probability=True, kernel='linear')
Ada_SVC = AdaBoostClassifier(base_estimator=svc,n_estimators=100,learning_
rate=0.2)
Ada_SVC.fit(X_train_pca,y_train)
# 第八步：结果预测
y_pred1=knn.predict(X_test_pca)
y_pred2=Ada_DTC.predict(X_test_pca)
y_pred3=Ada_SVC.predict(X_test_pca)
# 第九步：输出结果
from sklearn import metrics
print("#################KNN 人脸识别 ##################")
print(knn.score(X_test_pca, y_test))
print(metrics.classification_report(y_test,y_pred1))
print(metrics.confusion_matrix(y_test,y_pred1))
print("########Adaboost+ 决策树弱分类器人脸识别 #########")
print(Ada_DTC.score(X_test_pca, y_test))
print(metrics.classification_report(y_test,y_pred2))
print(metrics.confusion_matrix(y_test,y_pred2))
print("#########Adaboost+SVC 弱分类器人脸识别 #########")
print(Ada_SVC.score(X_test_pca, y_test))
print(metrics.classification_report(y_test,y_pred3))
print(metrics.confusion_matrix(y_test,y_pred3))
```

输出结果如下。

```
##################KNN 人脸识别 ####################
0.5316946959896507
              precision    recall   f1-score   support

         0       0.50      0.28      0.36        53
         1       0.48      0.63      0.55       150
         2       0.40      0.30      0.34        71
         3       0.57      0.80      0.67       304
         4       0.50      0.15      0.24        65
         5       0.55      0.14      0.23        42
         6       0.56      0.23      0.32        88

  accuracy                          0.53       773
 macro avg       0.51      0.36      0.39       773
weighted avg     0.52      0.53      0.49       773

[[ 15  16   2  16   1   1   2]
 [  6  95   5  41   1   0   2]
 [  4   9  21  33   1   0   3]
 [  4  36  11 244   4   2   3]
 [  1  12   5  30  10   1   6]
 [  0  11   1  22   2   6   0]
 [  0  17   7  42   1   1  20]]
#########Adaboost+ 决策树弱分类器人脸识别 #########
0.44372574385511
              precision    recall   f1-score   support

         0       0.00      0.00      0.00        53
         1       0.53      0.19      0.28       150
         2       0.38      0.07      0.12        71
         3       0.43      0.97      0.60       304
         4       0.67      0.03      0.06        65
         5       1.00      0.02      0.05        42
         6       0.57      0.15      0.23        88

  accuracy                          0.44       773
 macro avg       0.51      0.20      0.19       773
weighted avg     0.48      0.44      0.33       773

[[  0   4   1  48   0   0   0]
 [  0  28   3 116   0   0   3]
 [  0   2   5  64   0   0   0]
 [  0   7   3 294   0   0   0]
 [  0   7   0  51   2   0   5]
```

```
[ 0    1    0   38    0    1    2]
[ 0    4    1   69    1    0   13]]
##########Adaboost+SVC 弱分类器人脸识别 ##########
0.7761966364812419
              precision    recall    f1-score   support

         0      0.80       0.60        0.69        53
         1      0.83       0.81        0.82       150
         2      0.68       0.65        0.66        71
         3      0.78       0.92        0.84       304
         4      0.71       0.60        0.65        65
         5      0.82       0.64        0.72        42
         6      0.76       0.64        0.69        88

    accuracy                           0.78       773
   macro avg     0.77       0.69        0.72       773
weighted avg     0.78       0.78        0.77       773

[[ 32    4    5    7    3    0    2]
 [  4  121    3   14    3    1    4]
 [  1    4   46   16    0    1    3]
 [  2    9   10  279    0    2    2]
 [  1    2    2   14   39    1    6]
 [  0    1    0    7    6   27    1]
 [  0    5    2   20    4    1   56]]
```

由如上输出结果明显可以看出，AdaBoost＋决策树弱分类器的识别效果是最差的，AdaBoost＋SVC 弱分类器人脸识别结果是最优的，KNN 算法的效果处于中等程度。

任务 10-4　使用 AdaBoost 算法实现曲线预测

■ **任务描述**

使用 AdaBoost 算法处理曲线预测问题。

■ **任务目标**

掌握曲线预测的基本实现步骤。

 任务实施

此任务使用 AdaBoost 算法对非线性数据进行拟合，并与决策树算法和支持向量机算法进行对比，具体实现代码如下。

【代码 10-4】

```
# 第一步：装载数据
import numpy as np
X = np.linspace(-10, 10, 1000)
data = X.reshape(-1,1)
target = X + 0.4*np.random.rand(len(X))
import matplotlib.pyplot as plt
plt.rc Params['font.sans-serif']=[u'SimHei']
plt.rc Params['axes.icnicode_minus']=False
plt.plot (data, target)
plt.xlabel(' 输入 ')
plt.ylabel (' 输出 ')
plt.show()
# 第二步：数据集划分
from sklearn.model_selection import train_test_split
X_train, X_test, y_train, y_test = train_test_split(data,target,train_
size=0.98)
# 第三步：选择并训练模型
from sklearn.tree import DecisionTreeRegressor
from sklearn.ensemble import AdaBoostRegressor
regr_1 = DecisionTreeRegressor(max_depth=20)
from sklearn.svm import SVR
regr_2 = AdaBoostRegressor(base_estimator=SVR(kernel='rbf'),n_estimators=50)
regr_3 = SVR(kernel='rbf')
regr_1.fit(X_train, y_train)
regr_2.fit(X_train, y_train)
regr_3.fit(X_train,y_train)
# 第四步：结果预测
y_pred1 = regr_1.predict(X_test)
y_pred2 = regr_2.predict(X_test)
y_pred3 = regr_3.predict(X_test)
# 输出结果
from sklearn.metrics import mean_squared_error
print('############## 原始数据 ################')
print(y_test)
print('############# 决策树预测 ###############')
print(y_pred1)
print('###########Adaboost+SVR###############')
print(y_pred2)
print('##############SVR###############')
print(y_pred3)
```

原始数据如图 10-3 所示，输出结果如下。

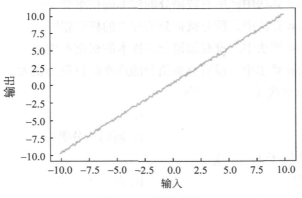

图 10-3　原始数据

```
############### 原始数据 ###################
[ 9.62100565 -4.89651585 -4.05990689  8.84330258 -1.25933349 -6.11454463]
############### 决策树预测 ###############
[ 9.84112111 -4.6771065  -4.14118625  9.04668161 -1.18688115 -6.47316968]
   0.04640365259021852
###########Adaboost+SVR###############
[ 9.59023839 -4.70596595 -4.16878307  9.0034224  -1.18133687 -6.2641151 ]
   0.01720051191958356
###############SVR###############
[ 9.31184914 -4.7088278  -4.16724326  8.86928108 -1.18074788 -6.27514533]
   0.02916146842231548
```

代码 10-4 使用 AdaBoost 算法实现曲线预测问题，代码中使用 3 种不同的方法预测，包括决策树预测、AdaBoost+SVR 和 SVR 预测，通过 3 种不同的预测方法得出不同的结果。

◆ 项 目 小 结 ◆

本项目介绍了 AdaBoost 算法的基本原理，并使用它的基本思想解决了多个分类和预测问题。读者通过多个具体的任务可深入理解 AdaBoost 算法。

◆ 练 习 题 ◆

一、选择题

1. 关于 AdaBoost 说法错误的是（　　　）。

  A. 可以处理分类问题   B. 可以处理回归问题

  C. 不易过拟合   D. 对异常样本不敏感

2. 以下说法正确的是（　　　）。

　　A. 在 AdaBoost 算法中，所有被错分的样本的权重会变小

　　B. 在 AdaBoost 算法中，所有被错分的样本的权重相同

　　C. 在 AdaBoost 算法中，没有被错分的样本的权重不相同

　　D. 在 AdaBoost 算法中，没有有被错分的样本的权重会变大

3. AdaBoost 可以解决（　　）问题。

　　A. 回归　　　　　　　　　　　　B. 分类

　　C. 聚类　　　　　　　　　　　　D. 回归与分类

4. AdaBoost 算法属于（　　　）。

　　A. 无监督学习　　　　　　　　　B. 有监督学习

　　C. 强化学习　　　　　　　　　　D. 半监督学习

5. Sklearn 中 AdaBoostClassifier 函数中默认的基础分类器是（　　　），默认的基础分类器的个数是（　　　）。

　　A. 决策树，50　　　　　　　　　B. SVM，50

　　C. 决策树，100　　　　　　　　D. SVM，100

二、简答题

1. 简述 AdaBoost 权值更新的步骤。

2. 简述 AdaBoost 的优缺点。

3. 简述 AdaBoost 算法的原理。

参 考 文 献

[1] 周志华. 机器学习 [M]. 北京：清华大学出版社，2016.

[2] HARRINGTON P. 机器学习实战 [M]. 李锐，李鹏，曲亚东，等译. 北京：人民邮电出版社，2013.

[3] JOSHI P. Python 机器学习经典实例 [M]. 陶俊杰，陈小莉，译. 北京：人民邮电出版社，2017.

[4] GÉRON A. 机器学习实战：基于 Scikit-Learn、Keras 和 TensorFlow [M]. 宋能辉，李娴，译. 北京：机械工业出版社，2020.

[5] 李博. 机器学习实践作用 [M]. 北京：人民邮电出版社，2017.

[6] 吕晓玲，宋捷. 大数据挖掘与统计机器学习 [M]. 北京：中国人民大学出版社，2016.